U0517466

Urban Mindfulness

cultivating peace, presence, and purpose in the middle of it all

地铁上的正念

[美] 乔纳森 · S. 卡普兰（Jonathan S. Kaplan，Ph.D.）著

邵婷婷　党静雯　译　陈寿文　校译

图书在版编目（CIP）数据

地铁上的正念 /（美）乔纳森 · S. 卡普兰著；邵婷婷，党静雯译 . -- 北京：华夏出版社有限公司，2023.6

书名原文：Urban Mindfulness: Cultivating Peace, Presence, and Purpose in the Middle of It All

ISBN 978-7-5222-0435-2

Ⅰ . ①地… Ⅱ . ①乔… ②邵… ③党… Ⅲ . ①心理学－通俗读物 Ⅳ . ① B84-49

中国版本图书馆 CIP 数据核字 (2022) 第 226869 号

地铁上的正念

作　　者　[美] 乔纳森 · S. 卡普兰

译　　者　邵婷婷　党静雯

责任编辑　王秋实

出版发行　华夏出版社有限公司

经　　销　新华书店

印　　刷　三河市万龙印装有限公司

装　　订　三河市万龙印装有限公司

版　　次　2023 年 6 月北京第 1 版　2023 年 6 月北京第 1 次印刷

开　　本　880×1230　1/16 开

印　　张　6

字　　数　110 千字

定　　价　59.00 元

华夏出版社有限公司

网址:www.hxph.com.cn 地址：北京市东直门外香河园北里4号 邮编：100028

若发现本版图书有印装质量问题，请与我社营销中心联系调换。电话：（010）64663331（转）

在繁忙都市中培养平和的心，发现意义，活在当下。

乔纳森·S. 卡普兰博士

“如果你所生活的城市一夜之间变成了正念修习中心，那么外卖、住所攀比、网上约会或等公交，对你来说会意味着什么？这本令人愉悦轻松的书，将会让你置身的都市大放异彩。如果你还未曾居住在都市中，那么一定会有所向往。这本书真正将正念带入了我们的日常生活——深刻，奇妙，充满趣味。”

——克里斯托弗·K. 吉莫博士

哈佛医学院临床讲师，《唤起慈悲的觉知之路》（*The Mindful Path to Self-Compassion*）作者

“都市生活看起来充满压力、混乱与紧张，我们如何在其中自处？乔纳森·卡普兰的《地铁上的正念》将带给读者实用、引人入胜又富启发性的指导。你每天都可以使用这本书，它能让你在生命最微小却又最重要的时刻，找到平静与意义。你的确可以找到和平，它来自内心。”

——罗伯特·L. 莱希博士

美国认知疗法研究所所长，威尔·康奈尔医学院心理学临床教授

“都市生活也许充满压力，但同时也提供了很多反思和内省的机会。这本书可以让我们在与城市的连接中找到内心的安宁。这也是一本包含实际操作方法的优秀指南书。”

——莎朗·莎兹伯格，《慈爱》（*Lovingkindness*）作者

“卡普兰的《地铁上的正念》，为繁忙又复杂的都市生活提

供了一套培养觉知、不加评判、全然临在当下的方法。不需要退世隐居，这本书为那些愿意在日常生活中练习正念的人，提供了有益且实用的资源。练习的方式广泛又繁多，在地铁里冥想，在发短信时练习，等等，读者一定会找到适合自己的正念练习。”

——莉莎白 · 罗默博士

马萨诸塞大学波士顿分校心理学教授，《正念力打败焦虑》（*The Mindful Way Through Anxiety*）合著者

“非常感谢卡普兰把正念带入都市，为都市人提供了这么多有实际意义的方法。通过这本简单又易于操作的书，我们知道，觉知就是意识到当下这一刻，它不依赖于也不受制于场合和行为。”

——杰弗里 · 布兰特利医学博士

《五分钟好时光》（*Five Good Minutes*）和《安抚焦虑的心》（*Calming Your Anxious Mind*）作者

把爱献给伊莱和里德宝贝，

是他们鼓励我把想法付诸实践，

并且在我的思绪游离于当下时，直言不讳地给我提醒。

目 录
contents

工作中

在外面

随时，随地

致谢

我要向在此书创作过程中给我鼓励、支持和指导的人表示深切的感谢。从一开始，新先兆的编辑梅利莎·柯克和杰西·毕比就提供了建设性的意见和有益的反馈，给我留下深刻的印象。他们在内容和风格上的专业建议让此书日臻完善。

许多资深老师的著作和实践对我个人的修习旅程产生了深远影响，包括：梭罗，铃木大拙，植芝盛平，莎朗·莎兹伯格，一行禅师，以及佩玛·丘卓。此外，把禅修和亚洲疗愈方法介绍到美国的心理学先驱们的勇气和奉献精神始终激励着我，比如：赫伯特·本森，乔·卡巴金，杰克·康菲尔德，埃伦·兰格，玛莎·莱恩汉，艾伦·马拉特，以及大卫·雷纳兹，等等。还有我的朋友及导师鲍勃·莱希，他执着不懈地追求，遇到挫折也不退缩的精神为我提供了很好的榜样。

此外，非常感激我的客户，他们给了我帮助他们渡过难关的特权。他们在治疗时表现出的毅力和努力，激励我尽全力成为最好的心理学家。非常荣幸能够为他们服务。

我还有幸得到了许多朋友和同事的帮助，此处无法一一提及。但如果我不向以下人士致谢的话，那就太冒昧了：乔·德科拉分享了他作为父亲的辛苦和乐趣；苏娜·荣格分享了对午餐的感激之情；弗雷德·韦纳分享了在乡村的生活；李·科尔曼和我们分享了对毫无生气之人的热情；马克·贝克尔和安德烈斯·蒙托亚与我共饮啤酒；还要感谢脸书网的一位让我留意玩键盘的猫的朋友。

感谢利比·马以及今日心理网站的编辑们对“都市正念”博客的支持。

另外，特别感谢詹妮弗·埃格特、罗布·汉德曼以及艾琳·贾沃斯不知疲倦、耐心地为“都市正念”网站所做的贡献。同时，感谢专业博客读者们发自内心的评价，让我们看到了把正念带入都市生活的重要性，从而建立了网上社区。

在创作过程中，我的父母、姐姐和岳父岳母也给予我重要的支持。无论是从大老远赶来纽约帮忙，还是寄来充满关心的包裹（包括漫画），我前进的每一步他们都陪伴着我。非常感谢他们的爱。还有，他们定期提醒我“去理发！”尽管这让我痛苦，但其实我非常受益。

我对妻子多丽丝的感谢和爱无法言表。她无条件支持我的工作，不知疲倦地编辑和修改，还在生活上给予我无私的照料。当我感到困惑时，她的爱一直完美无瑕地包围着我。

最后，感谢纽约的同伴们。虽然很难在一起挤地铁时向彼此致谢，但我们却在寻求幸福的路上相伴。如果能够了解彼此内在的相似性，尊重分歧，我们就可以联合起来，创建一个更加觉醒、慈悲的社会。

简介

几年前，我从俄亥俄州的乡村搬来纽约定居。在来到这里之前，我在世界各地的大城市居住，包括波士顿、东京、旧金山、洛杉矶。而在俄亥俄州的生活是我人生中的首个小镇体验。我在大学城任职。作为一名教授和心理学家，我喜欢每天 5 分钟的上下班时间，也很享受与家人、朋友共度闲暇，做运动、园艺、冥想和修习正念。我的生活没有压力，并且——我敢这么说——相当地平衡。然而，我却失去了兴奋与刺激感，错失了文化与城市生活中的多姿多彩。每当想要品尝鲜美的寿司，或参观一场最新的巡回艺术展时，我却发现自己无处可去。我总是会被这样的事情引诱，再加上遇到了一个新的工作机会，于是我结束了乡村生活，重返城市。

当我来到纽约，我沉醉在全新的生活体验里。有太多事情等我去做、去见识，这一场都市探险让我激动万分。作为一名心理学家，我每周要见许多客户，我发现他们都非常乐于学习正念。可我的内心却与那份平和渐行渐远，平衡感渐渐瓦解，我开始感觉到压力与疲倦。我害怕每天漫长又拥挤的地铁通勤，讨厌刺耳的喇叭声和报警声，救护车发出的嗡鸣也让我心烦意乱。高效的行事作风让我承受压力，我开始抱怨时间不够用。有一天，我注意到自己的步伐和讲话速度已经与周围那些“焦躁”的纽约人一样快速，而且，每当有人挡了我的路，或讲话讲不到重点，我便会开始抱怨。我的运动量减少了，到了吃饭时间就在忙碌中随便填饱肚子，眼看自己的健康状况走了下坡路，甚至连承诺要坚持做的冥想也未能持续：在我那狭小的一居室住宅里，根本找不到一个适合放松情绪，甚至是伸展四肢的空间。

我观察到，很多客户也在做着相同的心理斗争，这并不奇怪。他们希望为自己减压，在城市生活中享有一份宁静，可是总有太多事等着去处理。想要开始练习冥想，甚至还要持之以恒，实属不易。度假、瑜伽和水疗的确有帮助，可惜疗效短暂。参加静修营的确也能让人得到良好的缓解，但最终，他们还是不得不返回城市，面对他们的“现实生活”。

除了对日常生活的抱怨以外，客户们还提到了更加明显的困境。他们说，虽然白天和夜晚，身边都有人做伴，但他们还是感到孤独和寂寞。他们向我描述在职场竞争中、约会时，甚至在排队观影时，都感到精疲力竭。有些人谈到在这个全球消费最高的城市中生存所必须承受的财务压力，以及他们必须拼命工作以确保财务周转顺利。就算赚得一份体面的薪水，他们也要看着那些钱在负担各种家庭开销之后化为乌有。就算是收入丰厚的人，也无法免受城市生活的压力。他们讨厌自己一周 7

天、一天 24 小时保持待机状态，讨厌自己要时刻准备接打电话、收发电邮，而这些竟然让他们难以享用自己的劳动所得。由于必须长期面对压力，当他们站在我的办公室门前时，他们几乎已经感到焦虑、抑郁、暴躁，或快被彻底击垮，完全不知所措了。

如同任何一位训练有素的心理学家都会做的，我开始重新阅读并研究压力管理的课题，尤其集中于“正念”研究。如果你不了解正念，可以暂时把它理解为一种非常特别的专注力。人们脱离“自动驾驶”的状态，有意识地将注意力转向此刻正在发生的一切，回到当下。例如，就在眼前这一刻，你正在呼吸，手里拿着这本书，并在阅读这一句话，尽管一会儿你还要去购物、付账单，还有几通电话要打，等等。人们通常以为“正念”就是冥想或观呼吸，但实际上，这两者只是正念的一部分。通过练习观察自己的念头、情绪、感受，以及不被思维、评判、排斥或依附所影响的感知，正念能够引发我们对体验的温和好奇心，而这种体验必须兼具开放性与接纳性。我们不再沉浸于“应该”或“不应该”中，例如，正念鼓励我们觉察事物的本来样貌，包括对自身经验的评判——或忽视——的程度。简言之，正念是：

- 不带任何评判地觉察你的思维、感受、行为。
- 观察周围正在发生的事。
- 时时刻刻充分觉察你的感觉。

· 安于此刻，不依附于老旧模式的自动化反应。

· 训练我们接纳自身的经验，无论它是好是坏，还是中立性。

正念常被误认为是佛教的概念，但准确地说，正念是所有灵性传统共有的部分。例如在基督教中，归心祈祷的目的就是培养内在宁静，让人们有机会与上帝更好地交流。在犹太教中，安息日是一周当中最神圣的一天，这一天，人们停下工作和创造，仅仅是休息，或单纯地存在着。更进一步，心理学在过去几十年里也将正念引入了非宗教的世俗风潮中。各种各样的科学研究已证实，正念与冥想在治疗慢性疼痛、酗酒、焦虑和慢性抑郁症复发等方面大有裨益。

不仅是我的客户，还有我本人，都在承受着城市生活的压力。考虑到这些益处与事实，我看到了正念练习的意义所在，并投身于其中。我仔细研读专业人士的科学论文与著作。在佛经中，我读到很多故事，如树下静坐、骑马等，可这些与城市中的人边走边吃或驾车等活动并不是特别相关。很多以正念为基础的疗法看起来也有些不切实际。它们强调每天都要做一个小时的冥想，尽管这能产生难以置信的效果，可对现实中的我们来说，我们必须要想尽办法节省时间和精力才能做到。所以，尽管已经拥有很多有益的洞见，我却还没有找到一种特别适合城市人的方法，以应对我们特殊的生活经验、机遇与挑战。这个差异并不令人吃惊，因为许多作者居住在乡村或寺院（诸如僧侣、正念专家等），他们已经远离了忙碌与混沌的现代都市生活。那么，我们这些留下的人该怎么办呢？如何才能既维持城市中的生活与工作，又能发展出适合自己的正念练习呢？这些方法能够帮助我们变得更有觉察力，不再感到——或不在乎——过重的负担吗？除了坐在禅修垫或治疗师的沙发上，我们还能找到其他方法吗？

当这些问题出现后，我意识到，城市人需要探索更好的都市正念练习法。我明白，我们可以遵守基础原则，同时在生活环境中发展新途径，让自己变得更加具有觉察力——甚至也可以练习冥想。我们可以对地铁里的同行者表现同理心，或对每天都会遇到的流浪汉表达慈悲，而不仅仅在教堂里谈论“爱你的邻居”，或在禅修团体中修习。当我们在公园里溜达时可以冥想，赶公交时可以冥想，甚至在抚摸你的爱犬时也可以冥想。就是从这个角度出发，再加上我对帮助客户、朋友，还有我自己的渴望，让这本《地铁上的正念》诞生了。

一开始，我在博客上撰写“如何在都市生活中更具觉察力”的练习方法（urbanmindfulness.org）。读者开始登录我的网站，并留下富有见地的鼓励与评论，于是我意识到，至少有一位读者会对都市生活中的正念练习感兴趣。很快，有一些志趣相投的专业人士也开始贡献他们的文章。读者数量持续增长，我也受邀为“今日心理”(Psychology Today, www.psychologytoday.com) 撰写相同主题的博文。来访者的数目日益攀升，于是我意识到“都市正念”不仅仅是概念、博客或网页而已。我们逐渐发展出了一个以正念作为生活方式的社群。快来加入我们吧，还等什么呢？

在这本书中，你会看到我有意加入的提示、反馈和指导原则，帮助你在都市中练习正念。以都市生活为基础，我们提出了切实可行的建议，并写成了以下五章内容。它们来源于我的个人修习经验，以及我对客户进行的专业治疗工作，还有我作为都市正念社群中的一员所获得的洞见。我鼓励你根据自己的生活与环境，尝试不同的练习，然后看一看哪种最适合你。

为了推动实践，本书的内容是根据练习的场地划分的：“在家中”“玩乐时”“工作中”“在外面”“随时，随地”。“在家中”这一章汲取了在居住空间中常会发生的现象。例如，活动空间太小通常是个难题，隐私太少，嘈杂太多。“玩乐时”将建议你如何把正念带入你的娱乐生活，无论是去看电影还是做运动。在玩乐中，我们会与快乐的天性重新连接，可以体验到更多乐趣，更有效地减缓压力。“工作中”这一章，涉及我们在职业岗位上常见的经验与场景，无论你的办公地点是办公室、餐厅还是零售商店，甚至是户外。在这些场景中，我们都希望拥有良好的同事关系，既能完成分内工作，又能同时修习正念。“在外面”这一章给我们提供了在城市活动中的练习指导，例如，如何在地铁里冥想，或带着觉知走在繁忙拥挤的大街上。我们探讨了很多都市生活常见的体验，例如遇到无家可归的人或街头艺人的体验，也都可以成为修习正念的机会。最后，“随时，随地”这一章的主题是，无论我们身在何处、做着什么，都可以进行沉思默想。这一章的练习不限定场所，它邀请你在任何情境下都进行相应的正念练习，比如当你给朋友发短信或听到警笛声的时候。你不一定要按顺序阅读这五章文字，我反而建议你根据个人情况做实际考量，这样你会在特定情境中关注最适合的那部分内容。所以如果你没有孩子，跳过“蹒跚学步时间”的内容，直接阅读“正念信息”来学习如何带着觉知发信息。在今后的人生中，如果你在某个时刻成为父母，可能会想要再次拿起这本书，重新阅读那些错过的章节。

我希望自己可以说“这些练习解决了我的客户、都市正念博客的读者和我自己的一切问题，我们再也不会觉得压力重重、孤独、不知所措了”，然而事实并非如此。博客的读者依然渴望拥有更多绿色空间。我的客户依然会表达他们时常感到孤独。而且十分常见的是，我发现自己非常渴望再多一点平和与安宁。然而，当我们更具觉察力，我们就可以扎根在自身的体验中，并找到多一分宽慰、接纳、慈悲和感激。我们在更加平和的反应和对当下存在意义的体悟中，发现了一个全新的视角，而这有助于我们创造出更具觉知的时刻。特别是当我们一起行走在喧嚣、繁忙又拥挤的大街上时，我们会意识到，在城市中生活的每一天都是一个崭新的修习机会。通过这本书的建议与支持，再加上对修习正念的意愿和承诺，你将会在都市生活的每一分每一秒，稳健地活出平和、全然临在与富有意义的人生。

在家中

家中冥想：一场内心与外在的对话

场景：城市的一间公寓里，有个人正在准备冥想。破晓时分，阳光穿透玻璃窗倾洒进来，此时是清晨7:32分。

内心：该做练习了。现在，我只需坐到位子上，安静下来。啊哦，迟了两分钟！

外在：噼啪声。

内心：哎哟！那是什么声音？我的膝盖吗？哦不，不是又来了吧！希望它不是——噢，还好，我的膝盖不疼！好吧，刚才进行到哪里了？哦，对，坐下。背部挺直，自然坐好，观察我的注意力——将注意力集中在呼吸上——关注呼吸。每当念头升起，不去管它们，只是回到呼吸上。

外在：呜—呜—呜！

内心：消防车？哇哦，真吵！一分钟后就会安静下来了。只要等一会儿。声音小了，小了，没声了。现在，回到呼吸上。

外在：隆隆声，嗡—嗡—嗡，呼—呼—呼！

内心：烦人的汽车喇叭！每当我要专心的时候那东西总是会响。真希望有人快把它偷走！

外在：嗨！你在做什么？

内心：哦，看看是谁来了！你看我像在做什么，啊？如果我能大声呼吸，你就明白了！

外在：哦，你在冥想吗？好吧，那我一会儿再来，砰。

内心：他走了。可是我无法专心了。真是史上最糟的一次冥想。等一下——上次我是不是也这么说了？

当我们意识到冥想对身体、情绪、头脑和心灵的重要性之后，很多人都会在家中尝试练习。但如果你住在城市里，想在家中创建一个理想的练习环境，可能会屡遭挫折。我们必须面对过多的噪声，狭小的空间，无止境的干扰。单单是自己的思绪就已经够吵了，更糟的是，外在世界似乎也企图搞破坏。无论这些纷扰从何而来，重要的是，我们要意识到“分心”是一种正常现象。其实这正是冥想的原材料：每当思绪游走，我们要再次将注意力拉回当下，专注于某一点。这个过程看似简单，却不容易做到，否则也就不需要冥想了。

为应对这些挑战，有些建议可以帮助你更好地在家中冥想：

- 根据房间大小，创建一个舒适、整洁的空间。也许你只能使用卧室的角落，或者你很幸运，可以独享整个房间。无论怎样，空间的大小无关紧要。重要的是，这个地方要相对整洁。

你不会希望坐在要送洗的脏衣服堆中冥想。当然，也不必过于修饰空间，花、蜡烛或画像虽然吸引人且自有其益处，但并非必需品。在禅宗的修习中，人们盯着空白墙壁禅修——虽然不令人兴奋，但是有效。

- 建立一个日程表，设计一种仪式，或二者兼具。为了达到最佳效果，每天规律地在特定时间冥想，这非常有益。多数人选择在安静的早晨练习，那时，思绪还没有萌动。当然，任何你方便的时间都可以。此外，小型仪式也将帮助你更快地进入状态。比如摇铃，或复述自己练习冥想的理由，又或者，当你坐下的时候沏一杯茶。

- 保持靠垫、坐垫和其他物品的整洁。你不会想把坐垫放在沙发上，因为它可能溅上东西。试着把冥想物品放在壁橱的角落。盖起来，不要落上灰尘。

- 最大限度地减少外部干扰。你不能控制难以承受的汽车噪声，但可以减少自己的分心，降低他人的影响。例如，如果你家的宠物也对冥想非常好奇，就提前在另外一个房间放上些零食。如果家人或其他人可能会打扰你，就提前和他们交涉，或者在他们出门后再练习。如果周围的噪声太大了，可以戴耳塞或耳机隔音。

- 在混乱和噪声中继续练习。你在任何场地都免不了被环境、感受或游离的思绪干扰。所以一旦你发现念头开始偏离，只需要把注意力带回到关注对象上。留意发生了什么，留意你有什么反应。接受此刻的现实，并持续不断地将注意力带回当下。

家中的迷你正念大师

我们经常为了寻求内心的平静和安宁而离开家，加入对话或参加群体静修来寻求支持，或者退隐到乡下，又或者上网、逛书店，在博客、书籍和杂志中寻求指导。但其实，我们并不需要总是去追逐那些正念专家，并付钱给他们。有时候，在我们的家中就能找到最出色的正念大师，直白地说，他们就在我们身边。宠物和小孩子拥有不可思议的全然临在的本领，他们完全可以充当我们的“迷你正念大师”，做我们的向导。猫、狗，宝贝们，皆可贡献他们的独门秘籍。

当你看到一只沐浴在阳光下的猫，你很容易就能领会某种与正念相关的特质，例如，接纳与感官满足。猫咪在温暖又干燥的地方小憩，可以感受到完全的满足，它陶醉于此时此刻。它不会执拗地拽着心爱的玩具，也不力求完美的睡姿，它只是安然地融入这个空间。当阳光移开，猫咪就继续安睡在阴影中，不会追着太阳挪到明亮的地方。它只是在明媚的日子里伸伸懒腰，享受温暖的日光浴。它从不担心下雨，也不为阳光的流逝而遗憾。

狗，也是绝佳的正念大师。它可以表现出令人羡慕的专注力。不信吗？你曾经在一只饥肠辘辘的狗面前吃午餐吗？它毫不掩饰正在滴下的口水，眼睛注视着食物，盯着食物如何从盘子里移入你的口中，被一口一口吃掉。如此精致细腻地专注于进食过程，正是某些以正念为基础的心理治疗所教导的。狗表现出的忠诚，极好地诠释了不谴责与不评判的相处之道。不管你今天过得如何、气色好不好、有没有口臭，你都确信你的狗无条件地爱着你，爱着它的主人。狗不会评判你，并且会毫无保留地表达对你的感情。

婴儿也是一个全然活在当下的生命，他们的反应完全表达了他们的期望。婴儿刚开始发展认知能力时，无法依靠记忆来指导自己如何与环境互动。宝贝们如果饿了、把尿布弄湿了、生病了或是玩累了，哭声立即响起！如果他们吃饱喝足了，身上暖暖和和，很健康，而且睡得很好，你就会看到他们的小脸上展露笑容，还能听到他们发出的温柔咕咕声。从这个角度看，宝贝们的表现恰恰反映了他们的即时体验未经任何思考或评判。从婴儿的角度看来，过去发生的事已经过去了。一个感到饥饿的宝贝，此时此刻就是饥饿的，即使他刚刚吃过一餐。疲倦的宝贝就是疲倦了，尽管他刚刚从酣畅的睡梦中醒来。此外，婴儿几乎完全不期待未来。比如，所有的父母都知道，当宝贝坐在湿冷的尿不湿中哇哇大哭时，父母带着抱怨安慰着“等一下！”几乎起不到任何作用。

鉴于这些迷你正念大师拥有非同一般的智慧，我将提出几个建议作为指导。尽管他们不言不语，但能教导我们的可多啦。

- 与宠物或小孩子待在一起。花些时间跟随迷你正念大师的引导。也许就只是躺在猫咪旁边、爱抚你的狗狗或是凝望着你的宝贝。看看你能否与他们的感受建立连接，体会宠物和小孩子在此刻所体验的（例如温度、声音、光线明暗等）。

- 观察迷你正念大师是如何与当下这一刻互动的。你的宠物或宝贝是正体验着愉悦的事，还是有些不快或感觉平淡呢？哪些行为或表达方式让你得出这个结论？此时此刻，你自己的体验是怎样的？你的反应是与他们相似还是相反？头脑中的活动在多大程度上影响了你的体验，让你不再以世界本然的样子去体验它？

- 问问自己，“温斯顿（迷你正念大师的名字）会怎样做？”你的宠物或孩子会对这个状况做何反应？你预见他们会打呼噜、吠叫、摇尾巴还是哭泣？或者，你料想他们是会倾听还是不知所措？这并非要你表现或模仿他们的反应（试想，你会在拥挤的餐馆里低吼吗？），这只是让你换一种思考方式，改变习惯的自动化反应模式。如果宠物或宝贝可能的反应会令你开怀，笑逐颜开，就更好了。

- 请注意迷你正念大师的行为是怎样触动了你的“按钮”的。宠物和婴儿不会被评判和努力所束缚，可我们就不同了。所以当猫咪“决定”呕吐，可你却慢了一步，愤怒和蔑视可能会被点燃，你的心中毫无怜悯。所以，当宠物或孩子做出“不良”行为时，我们要尽可能带上觉知，努力觉察自己有什么情绪、何时被触发的。禅宗故事中记述了修行人在被高僧打了脑袋或扇了巴掌后即刻顿悟的故事。所以，说不定当你邂逅了某次呕吐，就离涅槃不远了。

改变思维，改变室友

很多时候，住在都市里意味着居住空间狭小。相对于郊区或乡村，我们在都市住宅上的花费实在太不划算了。为了节省开支或为了与爱人共度此生，我们最终会选择与他人一起生活，这个人通常是室友或恋人。于是，为了开辟一些私人空间，我们通常会分割出一个小角落，再与同伴一起分担家务。

然而，拥挤的生活并不好过，这种生活方式存在着内部压力。研究显示，如果让老鼠和猴子共同生活在过于狭窄的空间里，它们会反目成仇。幸运的是，我们不至于去啃咬室友或向其投掷粪便，但的确也会感到压力重重和暴躁，我们会以人类特有的方式采取行动。我们会“忘记”丢垃圾，或决意在餐后只洗自己的碗碟。我们思忖着，室友或伴侣没有完成他们的“合理份额”。我遛了狗，付了账单，去超市买日用品，可他竟然连外套都没叠好。

矛盾与不满日益升级，很可能以不健康的方式爆发，双方争论不休，尖刻的批评脱口而出。我们决定单方面更改家庭责任，从此只为自己着想，比如，决定只买自己喜欢的食物。

显然，这种境况带来了痛苦。抱着消极的思想与采取报复性行为，我们就毁了当下这一刻。室友将装有牛奶的杯子落在了厨房桌子上，牛奶已经变质，但它并没有我们想象得那么糟。我们可以立刻清理掉难闻的牛奶，但如果我们认为这件事是对自己的不尊重和不体谅，那才是真正的麻烦。评判，让我们的不满延续——所以如果我们感觉很糟，这恐怕是我们自己的过错。当然，杯子只是一个诱因，相互指责和被羞辱的感觉才是真正令人沮丧和恼怒的。

如果你与室友或伴侣有过类似经历，显然需要换一种方式处理：

1. 觉察头脑中的想法。关于当下发生的事，你是如何讲述给自己听的？

2. 仔细想想，当下这一刻，存在什么问题吗？如果有，是哪里出了差错？需要遛狗吗？需要洗碗吗？你想吃晚餐吗？

3. 如其所是地接受当下的境况。总是告诉自己“应该”或“不应该”，只会让你更难找到解决方案。

4. 客观实际地考虑问题。你可以具体采取哪些行动，或者你希望室友或伴侣怎样配合来解决问题？意识到自己什么时候会使用评判性言语。希望对方更加尊重自己，这是个不错的目标，但也非常模糊。更加尊重或其他任何你所使用的判断，它们究竟意味着什么？看看能否以实际的行动将它们表达出来。

如果这些策略都不奏效，你也许只是需要多些时间独处。有研究表明，我们会因缺乏私人空间而压力倍增。所以，说不定交流时产生的不满，源于你在那时非常需要独处。这种情况下，探讨你对独处的需要，看看能做哪些安排。尽管在一开始，发起这种对话可能有些尴尬，但会在未来避免许多争吵，让你在自己的家中感到更加放松。

谈谈垃圾

考虑到环境的密度，城市中会产生很多垃圾就不足为奇了。根据纽约、洛杉矶和芝加哥（美国人口最稠密的三个城市）当地的卫生部门统计，每个城市每天会产生超过 21000 吨垃圾。这是极大的浪费。可尽管如此，我们也并未被这些垃圾所淹没。为什么？当然是因为有成千上万的环卫工人负责转移和清理我们丢掉的东西。无论我们是否向垃圾桶、垃圾槽或路旁的废弃物道别，都会有人继续做后面的工作。

城市环卫部门的良好运作，让我们产生了盲目的自满。我们随手扔垃圾，不必亲自将垃圾带到填埋场，它也会迅速消失不见。可一旦这个系统瘫痪，垃圾便会在家或工作场所附近堆积如山，那时，我们就会前所未有地意识到垃圾的存在。我们从未感激过这个平稳运作中的系统，但面对堆积如山的垃圾会感到沮丧与愤怒。一行禅师基于自己的经验讲道：“牙不痛，就是一种喜悦体验。”同样，我们可能也都同意，“垃圾清理顺畅”是一种美妙的体验！

本着这种精神，如果处理垃圾对你的日常生活很重要的话，可以尝试以下练习：

- 向清理垃圾的环卫工人表达感谢和赞赏，当他们走到你的街区时送上祝福，或对大楼管理员说声“谢谢”。最起码，当垃圾车暂时挡住你的车时，你要克制住不停按喇叭的冲动。
- 当你扔下垃圾转身离开，你要意识到有个人正起身“拿着袋子”走来。尽量不要让他受伤或弄脏，在丢垃圾前，把碎玻璃仔细包裹好，扔容器前把里面的水倒干净。设想一下，如果是你负责清扫与回收，你希望别人怎样丢弃废弃物呢？
- 意识到当你在丢东西时，慢慢地把垃圾放在垃圾箱里，会比粗鲁地抛出去好一些。留意你扔掉的是什么。如果有些东西看起来完好，想想它有没有其他用途或是其他处理方式。
- 问问自己：“我想要减少自己的垃圾产出量吗？”如果是，再自问：“这个目标对我来说有多重要？我愿意投入多少时间和精力呢？”迫于各种生活压力，我们必须仔细考量优先级。你愿意“减量、重复循环利用”，可邻居们或许并不想。但问题并不在于邻居的行为，而是你的行动在何等程度上符合自己的价值观。
- 想想看，有多少种有效减少垃圾的方式。登录 www.craigslist.

org 、www.freecycle.org 或当地论坛，将你不再需要的家电、衣物和家具捐赠或卖出。同时，许多城市还有蓬勃发展的“留下或带走”系统，人们把不需要的东西放在门口或路边，让路过的人免费拿走。以个人之见，我相信，某些有进取心的人一定可以就这样布置好整个住处！

- 购置一个专用回收箱，提醒自己“循环利用”。除非你找到了回收桶，否则绝不扔瓶子（不要随手扔进某个垃圾桶）。

- 鼓励他人回收废弃物。问问你最喜欢的餐馆或外卖餐厅，他们是如何处理顾客使用过的瓶瓶罐罐的。如果已经正确回收了，感谢他们的努力。如果没有，鼓励他们这样做。避免不友善或敌对的谈话，只是简单给出个建议，表达出你对回收重要性的认识，就够了。

- 考虑堆肥。我们浪费掉的食物大多都可以制作成肥料。就算你没有地方放储肥箱，也还有其他选择。你可以将蔬果皮、咖啡渣或其他可制成肥料的物品带到当地的农贸市场、社区花园或食品合作社。在这期间，你只需将它们装进堆肥桶或堆肥袋，放在冰柜里储藏即可。如果有兴趣自己制作堆肥，可以研究一下“蚯蚓处理”——用虫子来堆肥。这些小虫子就在壁橱或桌子下面快乐地生活，靠你平时扔掉的蔬果残渣生存。

· 留意大量的传单、报纸、餐馆菜单出现在你住所或工作地点周围。我们常会遭到传单的轰炸，有人把它们留在台阶上或在通道入口处找个地方插进去。请留意之后发生的事，有人把它们扔进垃圾桶吗？有人阅读上面的信息吗？还是就把它们留在门外，被风吹到大街上？如果你并不想收到这类资料，考虑向市政府投诉，或者，也可以在网络上搜索如何减少收到不受欢迎的广告的建议。

所有这些决定，都需要你先觉察自己放弃了什么，以及在放弃过程中你所抱持的态度是什么。改变视角，废物回收的做法也许会为城市带来新的精神与更好的环境。

住所攀比

不论是好是坏，我们都经常拿自己和别人做比较。如果差距很大，我们就会对某某人拥有更好的职位、汽车或伴侣等感到相当不满。研究表明，社会性比较的倾向会起到进化作用，对于相对薄弱的部分，我们会格外敏感。

在都市中，出现了新型的攀比：住所攀比。你可能发现自己羡慕朋友家的大衣柜、洗碗机、停车位或是令人难以置信的低廉房租（或按揭）。无论具体是什么，我们的居住环境永远不尽人意，总有很多机会让我们觊觎别人的东西。之所以羡慕别人家，有三个原因：第一，城市密度必定不断提醒我们，总有人的生活条件比我们好。这些提醒可能来自广告牌、报纸上的房地产广告或是那些装饰华丽的建筑。比起在电视节目中间接地观赏他人的家居，这种直接体验更让人心烦意乱。第二，由于城市高昂的生活成本，人们必须在地理位置、居住面积、周边设施等方面权衡，装修能力也因此遭到限制。比如，住在城市的公寓里，我们就无法随意加盖房屋。第三，相对于郊区和乡村，城市中评估社会地位的方法要少得多。并非所有人都拥有汽车、船只、草坪，但大多数人都有个地方居住。由此可见，住所对我们的意义非常特殊。

你可能很熟悉我们会在什么时候相互攀比。例如，聚会时讨论彼此的家，是再平常不过的事。我们抱怨聒噪的邻居，狭小的空间，停车难，室内光线不足，公寓楼层不合理，通勤时间太长，缺乏户外空间，又不住在学区内。每当拜访朋友的新居时，我们总会无意识地比较，留意哪里比我们的住所好，或是想办法贬损对方，从而维护我们“住所”的自尊心。

你甚至知道人们——当然不包括你——偏爱寻找更好的寓所。他们仔细查看报纸或克雷格列表（www.craigslist.org）上的房产频道，利用闲暇寻找完美住所。但我们都知道，从来就没有“完美”的居所。总有些事不那么理想。而且，周遭的环境会随时间变化，曾经“完美”的事物也许很快就不完美了。邻居家一只吵嚷的幼年萌犬，就可能轻易破坏掉你的伊甸园。

或许，房间狭小、环境喧闹、路程远或任何你认为不对劲的地方，都不是真正的问题所在。因此，“搬新家”这个方案注定会失败，而“比较心”才是你真正的问题。在你的想象中，你判断另一个房子显然比自己的这一个好。这种比较不仅让你嫉妒不满，还阻碍你发挥自己的潜能，你本可以投入时间和精力去打造自己的房间，让它变得尽善尽美的。而如果你正忙于约见房产经纪人，其实你并没有发现真正能改善居住环境的方法。

你可能会问“但如果我真的需要搬家呢？”。好问题！也许你确实需要搬到别的地方。我的回答是，你的决定是基于个人需要和环境因素，而不是基于你的比较心。

若要克服住所攀比（或决定是否搬家），你要先找到自己的所在——没错，就是这句话的字面意思。也就是说，接受你目前的居所和左邻右舍。他们也许不完美（其实这从来就没发生过），然而，这就是你所拥有的。矛盾的是，通过将注意力带回到自己的居所并接纳它，很可能会发生某些你期望的改变。就好像，当你在冥想时感到不适，于是你有意识地调整自己的坐姿，这样的态度可以帮助你以非反应性的方式做出明智的选择。设想你不得不永远住在这个房子里，而非想象你搬进了一个更好的房子，这将帮助你承担起自己的房主身份（或许你还会改善它）。一般说来，“接纳”的第一个步骤就是设想或意识到，你的境况永远不会改变了。当愤怒和失望平息后，你将有能力在自己的地盘创造出更好的生活。或者，你可能确定了自己必须搬家，然而此刻，你的决定是出于客观考量，而非主观情绪反应。

实践出真知，如果你还在羡慕别人的家，这里有一些练习，让你意识到自己的所有物：

- 在房间中挑一块你最不喜欢的区域，在那里静坐十分钟。在这里找出一些值得欣赏的东西，带着感激之情和它坐一会儿。

当你坐在这里的时候，产生了什么感觉？观察自己的情绪、思想和感受，但不要被它们掌控。只是看见它们，然后让它们离开。

- 在家里找一处让你不满意的地方，你觉得“这里不该是这样”，“它可以变成那样”。退后一步，问问自己：“这里究竟怎么了？”然后观察头脑中出现了哪些判断，特别是那些做比较的念头。基于客观事实思考这个问题。例如，用“60 厘米宽、60 厘米深、228 厘米高”来描述你的壁橱，替换掉“太小了”或“没有用”这类表述。通过客观的描述，你是否看到了一个可以解决“问题”的方法？

清理污迹

我们通常都会尽量保持住所的干净整洁。我们亲自做家务，或请他人（例如室友、伴侣、保洁人员）帮我们做。也许因为居住空间狭小，我们难以长时间忍受脏乱。例如，住在一居室中，就意味着厨房、客厅、餐厅和卧室全都在同一空间内。所以，一池脏碗碟所产生的味道就会影响到客人，也可能让你无法入眠。在较小的房间里，避开杂乱或把它们丢到其他角落，并不那么容易。

考虑到生活空间的有限，我们更需要留意房间整洁等基本问题。一般而言，我们对做家务没什么兴趣，只是期望能尽快做完。然而通过正念，我们可以转换全然不同的体验方式。举个例子，卡巴金曾指出：让双手在温水中有节律地运动，会让我们产生愉悦的感觉，只要不将这个动作与刷盘子联系起来。其实，只要我们觉察到自己的真实动作和体验，就能在做家务的许多动作中获得不少乐趣。当我们清洗浴缸或马桶时，留意它的颜色如何从棕黑的霉菌色变得清洁闪亮，更接近陶瓷本身的颜色。吸尘时，感觉手柄在微微振动，听听灰尘被吸进吸尘器里时卷起的啧啧声。除尘时，将注意力集中在手的感觉上，无论那是布料的质感还是任何清洁对象的质地。当我们专注于当下的感觉时，这些活动就不会再令人不快。是我们的畏惧与勉强，才让它们如此不受欢迎、倒人胃口。所以，下一次当你准备做家务的时候，试试下面这些建议：

· 选择一块区域，全面而细致地打扫。也许是卧室、洗手间或客厅。看看这个房间，无论看到了什么，你会如何客观描述这种脏乱？如果你必须要向某个人详细交代具体的清扫工作，你会说些什么？简单地指示自己（或他人）“收拾这些垃圾”，只会让人困惑，不知从哪里入手。例如，你可能花了不少时间除尘，却发现还有好多衣服在地板上堆着呢。

· 把重大的任务分解成小步骤。如果有些事物真的又脏又乱，头脑就会告诉自己：要做的事“太多了”！然后我们就会感到有压力，试图逃避。觉察自己是否在处理烦琐的事情时感到害怕。比如，你认为这件事太费时间和精力了。意识到自己的反应和抗拒，并下定决心，只要这份任务有必要做，就先处理一小部分。如果碗碟已经堆满整个水池，先刷一两个盘子。如果整个浴池都要清洗，只先清洁一侧。

· 放慢做家务的速度，同时练习正念。正如上文提到的，做家务时，你可能会找到愉悦的方式与你的感受连接。同时，把这些时刻看作是向身体“签到”的机会，与身体产生连接。清扫时，观察自己的动作和肢体感觉；洗碗时，观察自己的站姿；吸尘时，感受臂膀的伸展与收缩。更进一步，试着使用非惯用手做事，由于身体本身难于处理，我们会本能地更加专注于身体的感受。

虽然边做家务边练习正念并不怎么激动人心，但在这样做时，你仍会发现一些惬意的时刻——至少不会再心怀怨恨了。你会发现自己不再拖延，这真令人惊讶！当然，一旦完成了，一定要让自己花些时间专注于呼吸，别忘了还要在你清香又整洁的家中沉醉一会儿。

谢谢你的噪声，我的邻居！

城市人口密度大，许多人的住宅都与他人的紧密相连。房屋之间的空隙很小，甚至挨在一起，就像联排式公寓或美国 19 世纪建造的褐石建筑一样。而公寓大楼里，一些人生活在另一些人的头顶上。天花板、墙和地板勾勒出你的个人空间，这样一来，你便难以觉察到邻里之间的距离究竟有多么近——我指的就是字面意思。实际上，如果你们两个人都背靠在同一堵墙上，相距也许还不足 15 厘米！

如此近的距离，使得邻居发生的一切就更容易影响我们。如果他们在烤蛋糕，我们能闻到香气。如果他们高谈阔论，我们也能听到。如果他们正在举行热闹的派对，我们就能感到音乐在震动着地板、窗户和墙面。然而，不幸的事也同样会发生。如果邻居家起火或生虫，我们的屋子也跟着遭殃。楼上的房间若是水管爆裂或马桶漏水，我们的客厅就会下雨。可想而知，我们在这个时候很容易恼怒，甚至想要报复！什么同情、仁慈、感谢，通通被抛到脑后，管它什么教养！

我们经常埋怨邻居打扰了我们的平静，扰乱了和睦氛围。

我们认定他们根本不替别人着想，甚至在蓄意破坏。对抗会升级，双方争吵不休，俨然成了世仇。可客观来说，这件事的本质要良性得多。刚学会走路的孩子在地上跑来跑去或是玩游戏——他们并不想打搅你的工作或冥想。保姆也不会蓄意鼓动或放纵孩子，让他们烦扰我们。如果总是抱着这些负面判断，只会让破坏性情绪一直延续（例如愤怒或憎恨），也就更难于协商，找到解决方案。

那该如何是好呢？当我们因邻居的行为恼怒和心烦，如何才能与负面情绪连接，从而引导出平静的感受呢？怎样才能与邻居更好地相处，尤其是他们的行为相当扰人的时候？

- 不要假设邻居知道你在房间里能听到他们的声音。消极的反应通常都建立在“他们对我们做了错事”的假设之上。可邻居的行为几乎总是针对他们自己屋内发生的事情，而非我们的。从这个角度来看，如果让邻居知道我们屋内发生的事，容许他们对自己的行为做些调整，会很有帮助。

- 同样，也不要假设你知道邻居家里发生了什么。保姆来访，遥控器不见了或失灵了，都可能导致电视音量过大。还有可能，你的邻居故意把音量调大以淹没争吵声，弥补听力障碍。你看到了，没有一种可能是针对你和你的家庭的，所以不要过分在意这些行为。

- 礼貌且尊敬地与邻居探讨干扰。客观表达他们的行为与声响对你的家庭造成的影响。邀请他们反馈一下你这个邻居做得怎么样，有何需要改进的地方。如此紧密的生活空间，需要双方学习尊重与体谅。我们不能单方面要求对方让步与和解，为了维系与提升关系，我们也必须主动在自己的生活中做出相应的调整。

- 让自己成为那个你想要的邻居。你的“理想邻居”是怎样的？你喜欢友善、慷慨、替人着想的人，还是冷漠、自私又挑剔的人？说到底，你无法控制邻居的一举一动，但可以控制自己的行为。与其陷入被漠视的感受，为何不想想，面对吵闹的邻居，你要怎样才能变得更加体贴、包容和富有同理心？尽管改善紧张的关系需要些时日，但探索这些问题可以让你的感觉更好一些。通过反复的练习，你的邻居说不定也会向你学习，紧跟上来。

柔软的喵大人

宠物是我们的心头爱。我们给它大量关注，它也给我们无条件的爱与支持。它们是重要的家庭成员，接下来的事你知道了，我们会在晚宴上像谈论自己的孩子一样谈起它们。但一不小心我们就会忘记它们有多重要。我们经常外出或工作到很晚，醉心于刺激与兴奋中，也可能陷入一些麻烦事，于是，我们不再像最初那般珍爱自己的宠物了。我们开始留意到饲养它们的负面影响，比如要给宠物医院支付高昂的医疗费用，天寒地冻也要带它们出去玩，还要清理它们掉落的毛。甚至就连在大好时光窝在沙发上舒适地享受也打了折扣，因为我们不得不把它们推开，还会想起在早上它们做的“好事”，比如在地板上小便。如果感到自己与宠物的连接淡漠了，减少陪伴时间并不是真正的解决办法。购买更长时间的小狗照看服务或买新的猫抓板，也不能恢复与它们相处的快乐。或许这可以暂时缓解内疚感，短时间弥补我们的冷淡，但都不是长久之计。

鉴于以上种种，为什么不考虑与你毛茸茸的（浑身是鳞的，生有羽毛的，等等）小可爱多花些时间在一起呢？有研究表明，与猫狗等宠物的互动会改善我们的身心健康。例如，养狗确实可以降低主人过高的血压。所以，就算是为了自己的健康着想，与心爱的宠物重拾连接也是非常有益的。如果你没有宠物，考虑花时间与别人的宠物待一会儿，比如朋友或邻居家的，还可以到那些随处可见的动物收容站逛一逛。

花上 10 分钟，只是爱抚、轻揉或挠一挠你的宠物，其他什么都不用做。是不是很简单？好，你要保证全心全意地关注它，不接电话，不看电视，不发短信，不参与任何其他活动。并且，不要执拗于到处搜寻毛疙瘩或死结，不要用任何方式给你的宠物做清洁。你最初的发心就只是看与触摸，与逐渐开放的体验建立起连接。从你和宠物两种角度出发，考虑以下问题：

- 你的宠物喜欢什么，不喜欢什么？它看起来更喜欢被挠抓、轻揉，还是更喜欢你抚摸它身体的某个部位？它有没有格外喜欢某种爱抚方式？速度和力度又如何？它喜欢缓慢轻柔地抚摸，还是粗重一些，例如摩擦晃动它的肚皮？你能分辨出吗？你观察到了什么信号，让你继续或停止？你的宠物发出咕噜咕噜的喉音了吗？它吠叫了，还是气喘、发出咕咕声、低吼、发出嘶嘶声、呻吟、粗厉地咯咯叫、鸣叫、咬或是走掉了？

- 从你的角度来看，当触摸宠物的软毛、毛皮、皮肤或羽毛时，有什么感觉？当全神贯注于自己的指尖时，你注意到什么？你的宠物感觉起来毛茸茸的还是瘦而结实的、粗糙的、多鳞的、肉肉的、骨感的、温暖的或冰凉的？你将如何向陌生人描述家中的宠物带给人的“感觉”呢？

静修日

参加静修营会为生活带来更有力的体验。通过这种练习，你会对周遭的环境及内心的声音更有觉知。静修可以帮助你放下平日里的喋喋不休，全然专注于当下。一般来说，我们会选择更自然、相对隔绝的环境来修习。但实际上，如果你可以让自己安静下来，世界上的任何地方都可以成为绝佳的修习场所。

不需要远离城市，你一样可以为自己创造寂静的一天。尽管不像在天然湖泊或沙漠悬崖边冥想那般浪漫，但它同样深刻有力，尤其当你在自己的家中练习的时候。为什么不为自己创造一个静修日呢？

在可能的范围内，建立守则与日程表，避免中途放弃。以下是需要斟酌的事项：

- 许诺在这一天内不与任何人交谈，除非发生紧急状况。你必须保持静默，就好像身在静修营中一样。
- 告诉他人你的用意。不要让他们在此期间同你讲话。如果你通常会一天给母亲打三次电话，那么让她知道，当你在静修时不能这样做。或许可以邀请他人参与，这对生活在一起的伴侣特别有利，会让你们更加投入正念，并在两人之间建立特殊的连接，帮助你们全然临在，更加关注彼此，更加体贴周到。

- 关闭或拔掉娱乐设备的插头。在此期间不接电话，不看电视，不使用电脑上网，不玩电子游戏，不听音乐。显然，城市生活的声音（包括邻居、室友、宠物、孩子等发出的声音）不会静止，但你可以排除一些分散注意力的声音，这会大大降低干扰。

- 规划一整天的日程。通常，静修分为两个不同阶段：静坐冥想和动态冥想。为自己的静修确定时点与时长，这取决于你的熟练程度。你也可以规划出几个小时，其中，20 分钟的静坐冥想和 10 分钟的动态冥想交替进行。

- 挑选一些书籍、文章、经文或诗歌来阅读。通常，静修包括定期会面或与精神导师交流的过程。尽管你不具备导师现场指导的优势，但可以找一些文字材料为自己进行梳理与反思。

- 除了静坐和阅读，其他时间里无论你在做什么，都要带上觉知。如果你正坐在沙发上，让自己感受一下“坐着”是什么感觉。

如果你步行进入另一个房间，感觉你的双脚是如何与地面接触的。你也可以尝试这一章介绍的其他练习，例如用心爱抚你的猫和狗。

- 用心准备食材，带着觉知用餐。理想状况是，试着每一餐都慢慢地烹饪，从抓起第一份食材的动作开始。例如，试着清洗和晾干每一片莴苣叶。用餐时，专心品尝口中食物的味道。你的舌头上分布着丰富的味蕾，用来品尝酸甜苦辣咸鲜等味道。进食的时候，让食物在口中的不同区域移动，尝试充分分辨那些味道。

- 自行决定静修日的开始与结束时间。也许从日出到日落，或是从上午 10 点到下午 2 点。无论你选定什么时段，都要维持住这个界限，抵抗住想要提早结束的冲动。在静修开始和结束时安排一个仪式，比如摇铃铛、表达慈悲或感恩祈祷，都是可以的。

无人之城

人群，喧嚣，拥堵，勾勒出都市人所经历的紧张与压力。若是没有这些烦心事，城市或许可以成为宁静并适合静修的地方。当大家都在熟睡，你是否尝试深夜或黎明在城中漫步？四周的空气弥漫着寂静的感觉，尽管成百上千人——甚至百万人——就生活在你的身边。

除非你喜欢起早贪黑，否则几乎没有机会去体验城市的这一面。但相对来说这比较容易想象。一般说来，这种放松身心的视觉化练习会邀请你漫步在沙滩上、徒步旅行于森林中或散步在花园里。为何不试试描绘一幅都市漫步的画面，来引发自己的沉寂与平静呢？通过这种方式体验城市——尽管只是在想象中——也可以让你变得平和，当你真正在城中漫步时，很有可能产生相同的轻松感受。

当你需要解压时，就做这项练习。也许你有睡眠问题，或在一整天的忙碌工作之后，想给自己一些安慰。这两种情况都非常适合做这项练习。

要想在头脑中创作一幅宁静的城市景象，需要提前收集细节。思考以下问题，会让你有个好的开始：

- 你的身边有谁？是独自一人还是与朋友一起散步？人们与你的距离很远吗？或这个地区人迹罕至，像个空城？一般说来，想象周遭空无一人比较容易，但你也可以想象大街上人来人往。理想图景是，当他们经过你身边时，向你微笑。

- 你身在何处？正走在什么地方？你正走在家门口的大街上，穿过乔治敦，沿着罗迪欧大道漫步？明确的定位会让你更容易感觉到周遭环境的样貌。最好的方法是，挑选一个你曾去过的地方，这更容易想象。

- 在散步时你观察到了什么？描述一下你的五种感官接收到的信息。你看见了什么？是白天还是夜晚？你看到了哪些房屋和建筑？闻到了什么味道？温度怎样？阴天下雨还是阳光明媚？

- 置身此处，你有什么情绪反应？尽量想象自己在感受宁静、安全与平和。想象自己诚惶诚恐绝对是毫无益处的。事实上，有研究表明，视觉图像可以提高或降低人的焦虑程度。如果想象负面事物，更有可能感受到紧张与压力。如果想象正面事物，更有可能感受平和与放松。很多治疗师通过运用这个方法治愈了恐惧症和焦虑症患者。

- 你为什么来这里散步？你想看到什么，是时代广场发光的霓虹灯，还是密歇根湖岸边的碧波荡漾？或许你只是想呼吸一些新鲜空气？一定要把这些体验添加到你的视觉图景中。

如果你喜欢这个冥想，试着在一天清晨或晚上睡觉前安排时间真正到城市里走一走。要注意安全，慢行。当你沐浴在朦胧的光之中，请一路保持觉察。注意此时此地的你有什么感受，同时也要观察头脑中浮现的所有评判。或许你会发现，比起想象，真实的体验要棒得多！

玩乐时

接纳自己的运动能力

我们会花很多时间投入运动或思考运动。每天我们都被轰炸似的提醒，要制订健身计划，照顾好自己的身体。有些人制订运动方案，定期去健身房、瑜伽室或武术中心。有些人则设定运动成绩或特殊的目标，比如跑马拉松或是做相应训练。如果不能维持一贯的运动时间，许多人会试着在日常生活中加入一些锻炼，比如选择爬楼梯而不坐电梯，或提前下地铁或公交车，步行走完余下的路程。

不管做什么运动，我们都有自己的看法，尤其是对于运动时长和强度。但这些判断经常是多余的。上一次你听到朋友或家人抱怨做了太长时间运动是什么时候？你听到过有人这样抱怨吗？事实上，人们更容易关注在自己没做的事情上，或是感觉自己的表现有多差。当然，这都是相对的：有的人会因为一周不能多跑一次步而内疚，还有人可能因为不能突破每公里6分钟的速度而沮丧。

在运动这件事上自责，可能导致三个不利结果：没有动力，停止锻炼；给自己太多压力，超过自己的能力范围运动而导致受伤；在已经感觉糟糕的时候还要继续运动。这几种现象都不怎么吸引人，对吗？幸运的是，一旦我们识别出负面的运动态度，就能和自己的行为建立一种不同的关系，让它成为更值得感激、更能被接受的体验。以下有 4 个建议：

· 具体描述你所做的运动，不加评判或评估。如果你一周跑步两次，那就跑两次。就这么简单。你不会因此而被定义为更好或更坏的人，是怎样就是怎样。如果你做不了瑜伽倒立，那就是做不了。如果你能，就是能。这都不会让你变得没用或是多么了不起。

· 不要拿自己和别人比较。我们经常贬低自己的运动能力，因为有人更快更强或更有技巧。或者，我们拿现在的自己和过去的自己做比较——过去的自己更健康、更苗条，体形更匀称。虽然这可能会激励我们更奋进，但可能也会导致我们在努力地超越自我时受伤。你可能在卧推或是做瑜伽时增加很多重量或非常用力，仅仅是为了安抚内心的自责。

· 感谢和感激自己能做的和已经做到的。运动是为了让身体变得有力，支持我们应对日常生活。如果只是在想象而没有实际运动，其实也反映出我们对身体健康的重要性的认识，这将帮助我们制订日常计划和确定优先级。在以觉察为基础的正念减压疗法中（MBSR），为对抗慢性病痛，一种更有力的系统观察法被发展出来。练习时，我们要慢慢地、从脚趾开始系统觉察身体每个部分的变化。这并不奇怪，通过这样的扫描，人们觉察到身体的许多部位是感受良好还是不适的。同样，为了自己的运动计划，知晓什么方式有效，比在错误方式中沉溺要好得多。

· 接受你的伤痛。运动当然会受伤，任何运动都有风险。甚至当我们走在大街上（尤其在嚼口香糖时），我们都会面临摔倒或崴脚的风险。随着时间推移，我们需要朴实地接受自己的局限和伤痛。这可能并不公平，也不是你想要的，但事情就是这样。抱怨伤痛，或以痛苦的方式驱动自己，只会加剧病痛，延迟康复，甚至限制以后的运动。当然，受伤并不公平，但至少你还可以做一些身体运动。可能这不是你特别想要的，但仍反映了你为健康付出的努力，兑现了你要在第一时间运动的承诺。

你闻到了吗?

城市啊，多么美妙的景色、声音和味道！味道？味道有什么美妙的？烟雾、垃圾和狗屎！闻起来怎么样？

这没什么，真的。城市的味道并不好闻。其实乡村生活也并不轻松，想想在养鸡场附近驾车？所以，就像城市生活的其他部分，将不好闻的味道变成敲响正念的警钟——一种精神调味品，如果你愿意的话。

当我们闻到“不好”或腐臭的味道时，注意自己的反感和厌恶。我们可以选择离开，重新找个气味好点的地方。觉察并接受这个时刻，并不意味着要你放弃改变，继续忍受。如果你站得离垃圾堆很近，难忍其臭味，那就走开。如果能够改变却还苦苦忍受，这没有什么值得褒奖和可敬的。去不同的地方，这是你应对这个情况的态度。如果你察觉到不好的味道，然后就离开——没问题！但如果要和味道的来源斤斤计较，咒骂城市的脏乱，并回忆起所有令人不悦的味道，那是没有任何好处的。

当然，城市中除了糟糕的气味，也很容易发现美好的味道，比如面包店飘出的香气。花店、水果摊、农贸市场、咖啡店、香水店、香薰蜡烛店、身体护理店，都让我们有机会闻到不错的味道。在纽约，小酒馆的门面摆放着新鲜采摘的花朵。通常，这些店面都会挂一块下垂的防水布，以保护鲜花免受阳光的直接照射，此外，它还可以使玫瑰、百合和风信子的美妙香味集中在这片小空间里。哈，花点时间沉浸在蜜糖般甜香的美好空气里，这是你在约会前自我充电的好方法。

公园漫步

几个世纪以来，社会文化都表现出一种“逃离一切”的需要。不管是宗教朝圣还是到玛莎葡萄岛度假，人们都需要一种脱离日常环境的体验。对我们这些城市人来说，这就意味着到乡间徒步旅行、山间滑雪、林间野营、海边游泳或是简单地在附近的公园野炊。如果没有足够的预算，远足就变成了到酒乡的短暂旅行、瑜伽静修或只是做个放松水疗SPA。直觉上，我们会被自然的环境吸引，而且研究表明，接近大自然可以提升健康和幸福感。但原因是什么呢？

大约在20年前，史蒂芬和蕾切尔·卡普拉发表了一项关于为什么在大自然中比在城市中更有益身心的研究。他们的“注意力恢复理论”认为，有些环境要求人们直接、持续地关注，就像生活在混乱的都市中会消耗我们的精神资源，让人感到疲惫，最终难以应对周围的不确定性和压力。而自然环境只要求间接地关注，所以能为我们提供精神充电的机会。

想一想在山间徒步和在繁忙街道中行走的不同。通常，山间徒步并不要求专注，不要求自上而下地关注。我们可以享受风景如画的环境、声音、味道、景色，但是没有什么需要我们去格外关注的。我们并不注意某棵树或某声鸟叫，只是加入了交响乐般融合的感官刺激中。相比之下，在繁忙的街道行走则要求我们保持直接或间接的注意力。间接注意力是被戏剧性的刺激所消耗的，比如警报器、展示窗口或有趣的味道。直接注意力则不仅要我们试着抑制外界这种竞争信息，还要注意躲避迎面而来的行人，同时还要确保我们不会踩上什么恶心的东西。

所以注意力恢复理论认为，人们在大自然中感觉更好的一个原因是：需要更小的关注。大自然不要求我们如此集中注意力，这可以让我们休息。如果你愿意，也可以借此让注意力充电。之前也有研究支持这种假设，即注意力和记忆力在自然环境中会得到改善。幸运的是，我们这些城市居民不用跑到乡村静修也能获得相同的放松。

2008 年，一群密歇根大学的研究者通过比对在市中心和公园中漫步的效果，来测试注意力恢复理论（理论上）。在设计好的实验中，他们发现两种环境都有利于提高参与者的注意力和短时记忆力。但是，在公园中漫步的参与者（一小时左右）在专注力方面获得了显著提高，在情绪上也感觉更好。

所以如果你觉察到在工作中感到疲惫或需要休息，或许可以通过大自然来调整身心，让自己受益。尝试以下的方法吧：

· 在当地的公园中漫步，让更多植物包围你，而不仅仅在外围或主干道附近行走。理想情况下，你可以尽量减少城市中常见的干扰。

- 寻找周围没有留意过的绿色空间，比如屋顶花园、博物馆、花店或是当地大学校园的自然景观。
- 去当地的植物园看看，在一个相对较小的空间里，你可以看到很多不同种类的植物。
- 理论上，面对海洋或湖泊也会带来同样放松的感受。所以如果你住在大型水域附近，花些时间把目光投向水面吧。当然，这对于路人来说有些奇怪。但如果有人问起，你就说正在等待从海上归来的爱人。

带着觉知待在这些情境中，抵抗住想要看书或手机短信的诱惑，让自己尽可能地沉浸在周围的自然环境中。

城市中的小绿洲

瀑布沿垂直的石壁飞流而下，碰到下面的水池发出低沉的轰鸣声。粉色和紫色花朵灿如焰火。阳光透过头顶树木的空隙照下来，在脚边的石头上投下斑驳的树影。听起来真不错，是吧？自然田园风光？不完全是。如果我说你可以在曼哈顿中心商业大厦间的小空隙享受到这样的美好，怎么样？那是佩雷公园，一个面向公众开放的私家公园，坐落在第五大道和 53 号大街交界处附近。

在建立这个城市时，我们就在公园里保留了自然区域。通常，公园需要一大片专用区域。比如，华盛顿国家广场面积超过 300 英亩，旧金山金门公园面积超过 1000 英亩，还有圣地亚哥巴尔博亚公园面积有 1200 英亩。在过去几十年，有个运动正在发展，那就是创建更小的城市自然空间。这些小型公园有许多名字，包括“微型花园”“口袋公园”和“迷你公园”。有些公园发展得非常专业（比如，西雅图瀑布花园），其他一些则是由拿着小泥铲和花种的邻居们创造出来的。

老旧的废弃铁路线也被改造成了公园，为拥挤的城市提供一条自然带。在纽约，有一个由废弃的高架铁轨改造的城市花园，被称作高架线。据“高架之友”（私人通讯）介绍，在不到6个月内，就有上百万人参观。在芝加哥，人们已经组织起来，希望沿着另一条轨道创建公园，并把它称作布鲁明代尔小径。

螺纹钢——旧金山艺术家的一个跨学科社群，创造了另一个有趣的回收空间。2005年，社群成员在一个停车位的范围内创造了一个小公园艺术装置。从那时起，“螺纹钢公园节”就在世界各地的城市每年举办一次，艺术家，城市居民，各种组织和公司在停车场创建小小绿洲。如果你想了解更多，请登录螺纹钢网站（www.rebargroup.org）或是公园节网站（www.parkingday.org），或加入创建者社区（my.parkingday.org）。

不管是迷你公园，还是停车场的临时绿化，这些绿洲在城市中都很难找到。尽管数量在增长，但它们的印记还很小。如果你对开发静修场地感兴趣，下面有几点建议：

- 上网搜索看看你的城市或周边有没有“微型公园”“马甲公园”“口袋公园”以及“迷你公园”。你可能会在工作场所或家附近找到。
- 访问“公共空间项目”网站（www.pps.org），这是一个30年来列出世界各地“公共空间”的组织。
- 找一张鸟瞰你工作场所和住宅周围的卫星图像。从这个新视角，你很可能会发现一片未知的空旷区域。

- 定期查看当地的新闻博客。地方博客会反映你所在街区发生的事情，也许会透露发展和规划有趣绿洲的消息。

- 最后，寻找那种杂草丛生的地方。研究一下它的地理位置，你可能发现有些废弃的公共空间可以转变为小公园或是社区花园（通过你朋友们的大量帮助！）。比如，布鲁克林一个近期建立的社区花园，最初是被一位居民在找停车位时发现的。那个杂草丛生的地段看起来是个停车的完美选择，然而他却发现这个区域隶属纽约市公园和娱乐部门。停车的需要为城市园丁开发出了新的空间！或许你也可以在自己的邻街发现同样的财富。

蹒跚学步时间

孩子们是非常有觉知的存在：他们对体验非常好奇，接受自己的情绪，完美地适应当下发生的事。比如，当我最大的孩子蹒跚学步的时候，他展现出对鸽子的浓厚兴趣。他能迅速发现它们，追逐它们时兴奋地发出尖叫。在鸽子飞走后，他还会捡起掉下的羽毛，然后一整天想着它们。我们其他人，要么不留意它们，要么贬损它们（比如说它们是“有翅膀的老鼠”）。通过这些观察，你觉得哪种情况会带来更多的快乐？

练习冥想有点像是重拾孩童特质。虽然你并不想要追着一群鸟儿跑，但我们真的很妒忌这种激动、新鲜、自我意识消失的时刻。如果你有孩子（或周围有），可以在与他们的互动或在他们与世界的互动中，学到很多东西：

- 观察是什么吸引了孩子的注意力。孩子生命中的每一天都会体验太多的第一次。他们已经具备了“初心”这个佛教概念，不会先入为主，以开放的观点看待生活体验。孩子们没有发展出大人看世界的方式。同样，因为他们幼小，也会更近距离地观察地面的事物。看孩子们在喷泉中快乐地玩耍，可以帮助我们重建与某些敏感体验的连接，比如在大热天里，凉水滑过皮肤的感受。

- 但和孩子们互动并不总是幸福和激动人心的。有时候我们也会感到有压力，比如他们发脾气，或是在饭点拒绝吃饭的时候。这些让人沮丧的时刻也是练习觉知的良好机会。

- 当你和孩子们在一起感到生气或有压力的时候，练习接受和正念呼吸。通常，我们感到愤怒是因为他们没有按照我们的要求去做。实际上，他们也会愤怒，如果我们没有按他们的期望去做的话。与其坚持自己的主张或是施加威胁或处罚，不如暂停一下。花点时间让自己安定下来，放下日程安排，至少是暂时放下。重新和孩子们建立连接，并找出他们想要和反对的本质。通常情况下，“理解”都可以打破僵局，发现让双方都满意的方案。比如，生病的孩子拒绝吃药，而要喝果汁，实际上，他们两样都可以得到。

- 问问自己是个怎样的父母、祖父母，或你想成为什么样的成年人。就像在水泥地上写字一样，向孩子们传达信息其实很容易，信息会变得“具体化”，成为他们对自己、他人和世界的信念。所以，要意识到自己的行为和风度，决定好你想传达些什么。你想传达评判、反对或是批评，还是要强调爱、同情和慈悲心？为了让信息和原则被清晰地听到，你将如何表达？你的孩子是如何做出反应的？

- 当你看到有父母或看护者正应对困难局面，请提供帮助。不要陷入对事情的评价，也不要完全忽视它，而是看看你是否能提供帮助。比如，当你看到一位看护者推着婴儿车在地铁楼梯处时，你可以帮忙推一下车或是开门。你也可以试着帮忙哄哄啼哭的婴儿。这种情况下，设想如果你是这个看护者，哪种帮助会更好。

正念大师

我们都喜欢玩游戏。小时候，我们会花好几个小时追跑打闹或是玩捉迷藏。长大后，我们的游戏和偏好会变得世故。我们玩有组织的体育活动、棋类游戏，在填字和数独游戏中挑战自己。

自从街机电子游戏发明几十年以来，我们对电子游戏越来越狂热，它们在视觉上越发吸引人，更加逼真、更加精细地描绘着不同的世界。电子游戏的普及度也比以往任何时候都高。此前，我们必须拥有一台电脑或游戏机，现在，我们可以在手机或其他手持设备上玩游戏。

当我们开始玩游戏时，我们就失去了和外部世界的联系。我们对游戏全神贯注，这会影响到我们对周围事物的关注。边玩边吃的零食，还没品尝到滋味就消失了，因为我们甚至不知道自己在吃些什么。游戏有这么大的吸引力，是因为它们本身就很有趣，还因为运用了强大的学习和行为心理学原理。

基于B. F.斯金纳的开拓性工作，我们知道“操作性条件反射”是电子游戏（和赌博）让人上瘾的原因。本质上说，这一原则表明，当我们在事后得到奖励时，我们更有可能采取行动。此外，人们重复这一行动的倾向，在以下几个因素的基础上变得更加强烈，包括：获得更大奖励，在行动后快速获得奖励，以及间歇性获得奖励。如果我们听到一声满意的“爆炸”声，或是我们“射击”了一个外星人获得分数，那么我们就会想要“射击”更多外星人。行为就这样得到了加强。但如果无论做什么都得到同样的奖励，那我们很快就会厌倦。如果我们突然得不到奖励，就很有可能终止这些行为。所以，让我们持续做某事的秘密是定期给予奖励。让我们得分更高，解锁特殊角色和能力，或获得更大回报，都让我们持续地保持动力。

带着些许玩味，我们也能用同样的原则来促进自我照顾和正念练习。所以，让我向你介绍一个让全球几代人都为之着迷的游戏：正念大师。当你挑战正念的神秘之路时，你也将揭开古老文明的秘密。找一张纸和笔来记录你的得分。当然，你还需要好好地呼吸。在介绍这些规则之前，请关掉手机、电脑或是掌上游戏机。玩这个游戏时，你不需要它们。

1. 找一段时间（比如5分钟）或是可以抽离的状态（比如，走着去工作时）来玩这个游戏。

2. 将注意力和意识集中到呼吸上。这个游戏的主要目标是：数一数，在分心之前，你进行了多少次完整的呼吸（吸气和呼气）。

每个呼吸周期给自己记一分。

3. 继续数呼吸的次数，直到你发觉注意力从呼吸上转移了，一旦你不再专注于呼吸，游戏就结束了。

4. 记录结果。

5. 如果你想继续挑战自己，尽量多玩几次。你的分数能飙多高？你能达到最高境界——涅槃吗？

这个游戏显然需要竞争和努力，这也许与正念并不完全一致。然而它反映了你潜在的意图，鼓励你关掉电子设备，专注于呼吸，这将帮助你培养专注力和觉知。带着游戏的心情参与当下，有助于你找到鼓舞人心的方法来实践和练习正念，特别是当你兴致不高、不想兑现承诺时。

你看，博物馆！

每个城市至少有一个艺术博物馆，因此，你有很好的机会提升自己。许多城市都不只有一个，比如，达拉斯－沃斯堡地区就有超过 20 个著名的艺术博物馆和与艺术相关的文化中心。尽管有这么多机会，但实际上人们只会花很少时间来欣赏展览和艺术作品。贝弗莉·塞雷尔发现，通常，参观者看展的时间不足 20 分钟。最近，《纽约时报》的一位记者谴责卢浮宫的游客花在拍照上的时间比实际看画的时间还要多。鉴于艺术的视觉刺激性，博物馆为正念提供了非常多的实践机会，甚至注入了一种类似处于大自然的放松体验。如果你想多花点时间和精力来欣赏博物馆的事物，下面有些建议：

· 带上速写本、炭笔、蜡笔和彩色铅笔，花些时间临摹一幅画或其他艺术作品。至少画上 20 分钟，专注地看着你笔下的事物。通常，我们的画基于精神上的反应而不是物体实际的样子。比如，就算光线导致颜色和阴影有所变化，我们所画的物体可能还是光线均匀分布的。所以，坐下来，花时间来画你实际上看到的颜色、形式和形状，让你的画尽可能看起来真实。如果你“不是艺术家”，那么在画画时，观察自己的这些评判。

- 在脑海中拍照。在视觉上接收某件艺术品的细节，然后闭上眼睛，看看你是否能在脑海中重新描绘或想象这件艺术品。

- 改变你相对于艺术品的位置和视角。如果走近些或远离些，会发生什么？你的注意力是否被作品的其他方面吸引？从哪里开始，你看到了整件作品，而不仅是其中的某个部分？

- 重新审视这些杰作。许多艺术作品经常被视作历史的财富，就像米开朗琪罗的《大卫》、达·芬奇的《蒙娜丽莎》、莫奈的《睡莲》。但是为什么呢？当你看到这些作品，用你“最初”的眼睛去看它们。你能看到什么？你的感觉怎样？

- 在这些艺术品中游走和徘徊，而不要追逐特定的作品。从一个房间漫步到另一个房间，把吸引你的作品记录下来。

- 意识到你在这个特别的空间里有何感受。深思，然后再走进博物馆或展览馆。策展人会花很多心思在空间的美感上。观察这些建筑的内部设计、灯光，还有这些建筑里艺术作品的陈列。

虽然这一节的内容主要关注在艺术博物馆，但同样适用于艺术画廊和其他博物馆。比如，科技博物馆里有很多互动性展示，邀请你参与实验。当你在和磁力互动的时候，你可能会看到自己所能发挥的力量。自然博物馆有很多平时只能想象的野生动物的立体模型。无论是哪个博物馆，允许自己慢慢欣赏当下的一切。不要把自己和学术联系在一起，我们更愿意为了“逃离”学习而去博物馆。

如果采纳了这些建议，你有可能看不完博物馆的所有展品：正念需要时间。

尽管你无法观赏所有展品，但另一种方式——匆匆穿过——几乎可以确定，你不会真正看见任何展品。

朋友，衣服造就了城市

城市生活中一项有趣的内容就是购物，尤其是买衣服。你可以在百货商场、二手店、折扣连锁店、寄售店和精品店找到许多漂亮又时尚的衣服。之前空置的店面也会突然出现样品销售，提供短暂的机会让你找到一些特别的东西。在旧货市场和地摊上，崭露头角的设计师和艺术家们在展示他们的最新创作。

面对众多的选择，我们很容易产生“想要”的欲望（尽管柜子已经满了）。我们看到一些特别的东西时就想要拥有它们。有时，我们只是被购买的诱惑和幻想所吸引。我们想象自己穿着它们去参加重要的活动或“小镇之夜”。有时候，我们就是冲着品牌去的，无论是基于个人的经验（比如，觉得这个品牌很适合自己），还是我们很欣赏这个设计师。事实上，名牌服装通常有着额外的声望：它的款式、独家和高价，让我们更想拥有它！

在这些情况下，我们可能会被购买的冲动带走。我想每个人都能在自己的衣橱里发现，当时大张旗鼓购买可现在却后悔了的东西。在过去，什么都显得那么理想，可现在却只想要丢弃。这个过程并不新鲜，实际上，它涉及佛教的核心原则之一：欲望导致痛苦。通常，我们想要的是，变得与实际的自己不同。这种情况下，最初，我们因为没有得到这件衣服而不满，所以我们买了它。但过不了多久，我们又会感到不快乐，因为我们想要得到另一件东西。

通过一点自我反省，我们就可以意识到是什么个人因素在影响购买行为。如果意识不到自己的习惯和动机，我们就会更愿意去购买那些我们并非真正需要或想要的东西。我们还可能过度消费，大手大脚地买东西。还有更多微妙的因素在施加影响。消费心理学研究表明，很多因素都会影响我们的消费决定。比如，如果一个东西能够让我们的身体接触到并且在打折，还不容易被立刻发现（也就是说，是我们“发现”了它），那我们就更倾向于买下它。

为了减少这些有意识和无意识因素的影响，在购物时你需要引入一点觉知。下次你在挑选服装的时候，考虑下面这些问题：

- 我需要什么？购物之前，先看看自己的衣柜。你已经拥有什么，现在需要什么？虽然你很喜欢买衬衫，但你可能意识到其实更需要裤子。因此，你可以更加留意卖裤子的地方，而不是在卖衬衫的店铺里闲逛。

- 我的购物行为反映了怎样的价值观？比如，如果你购买有机食物，可能也会选择用有机原料制作的衣服。还是说，你更愿意购买时尚、引领潮流、做工精致或是正在打折的衣服？你内在的原则是什么，确保在购物时也一样坚持。

- 穿起来是否合身？有时候我们买的衣服并不合身。我们告诉自己，这很值或“我一定会减肥成功的”。但其实我们很少穿到它们，就是因为不合身。接受你身体的感觉。如果太紧或太松，都不是好选择。

- 我们的眼球被什么吸引了，为什么？根据衣服实际的面料与合身程度，看看什么样的衣服吸引你。不要首先选择设计师，除非你知道自己是为了收藏。试着从崭新的视角看这件外套，不要被它的“血统”所影响。

- 我会为此花多少钱？显然，在看标签前问这个问题更重要。要事先决定自己愿意在购物上花多少钱。如果价格在你的承受范围之内，那就买。如果超出范围，就慎重考虑一下。注意你的大脑是否试图证明额外的开销是合理的，以及如何证明这一点。

有了这些问题，我们就可以更谨慎地对待支出，购买符合身体需要和预算的服装。一旦了解了自己的价值观，我们在购买时也会变得更有目的性。

有觉知的网上约会

网上约会是一种方便有效的认识人的方式。你可以先描述想要约会的对象，浏览个人资料，通过电子邮件、在线聊天、短信和电话来筛选潜在的约会对象。你可以思考理想对象的标准。如果想要约见同城的朋友，你可以过滤掉不同城的人。如果认为和你一样喜欢哈巴狗很重要，你可以搜寻这种类型的人。这些事不出家门就可以办到。

这个过程的后果之一就是花费大量的“独处时间”来写（和更新）个人资料，你要选出最好的照片，仔细查看他人的资料。在这段时间里，你很容易受到两个不易被察觉的现象的影响：沉浸在别人对你的看法里，以及沉浸在你对他人的幻想中。在这两种情况下，你很容易经历灾难性的约会。

约会档案需要清晰地表达出你是谁。通常，这会让人联想到针对自己的正面和负面看法。你可能很容易辨认出自己的优点，像诚实或是有着健康的头发。或者，你可能自我感觉不好，尤其是与别人或理想的自己相比较时。比如“我太胖了”“我不成功”“我没有朋友有趣”，这些都是“我不够好”的变体。

不管你的自我评价是消极还是积极，又或是综合性的，你都会在相当多的时间里被自己的意见所干扰。

你还要花很多时间考虑与谁约会。也许你在寻找一位素食厨师或基督徒。快速搜索让你发现周围有很多匹配信息。面对这么多选择，当你注意一些不必要的细节时，你就可能忽视掉你真正想要的，从而更难决定。此外，这还可能让你产生幻想，幻想别人刚好符合你的期待。在这种情况下，你又一次从当下分心了，从与某人在一起的真实体验中分心了。

在这两种情况下，你把自己和他人看作是约会的素材，这些幻想（它们确实是幻想）就会以一种导致不满和灾难的方式呈现。比如，如果你认为自己是个失败者，你会把眼光放低，容易误认为自己被拒绝了，或是企图掩盖自己的人格缺陷。如果你认为那个和猫咪合照的人是个怪异的动物爱好者，并且很难相处，那么你可能会避开那个人（或被那个人吸引）。而且由于你对这种相互评价的模式非常熟悉，你还会做出补偿性调整。结果是，你的形象并不能反映真实的自己，而是反映出你认为自己应该是什么样的。所以你会怎样做呢？你仍然想要约会，并且已经为网站的服务付费了。所以，请你不妨“有觉知地”使用它。下面有几个问题需要注意：

1. 当你想象自己在约会时，感受如何？激动、紧张、沮丧还是得意？

2. 关注到这些情绪，你想做些什么？编辑你的个人资料，重新搜索，关掉电脑，出门赴另一场约会？

3. 在创建你的个人资料时，你是怎样描述自己的？你决定分享什么？为什么你这样分享？你的描述是否真实反映了你对自己的看法？有没有包含你的朋友、家人或是前任伴侣对你的看法？

4. 当你阅读他人主页时，觉察一下你关注什么。是否留意照片、职业？你的反应在多大程度上反映了文字或展示页面实际传达的内容，而非头脑中对这个人的判断？

5. 无须太多分析，看看这些评判从哪里来的。好奇而开放地面对任何浮现的东西，探索一下是什么让你的思维开始走上这条路的。

6. 最后，在你回到手头的事情之前，花几分钟做深呼吸。当你通过呼吸重新融入当下时，你发现了自己对人（包括你自己和他人）的洞察力，你看到了人们的本来面目。之后，你可以回到自己在网上所做的事——如果它看起来还是合适的。更多地觉察自己的评价和反应。可以重申你对某一特定行动的承诺，或者，改变你的方向。例如，你可能会选择更改你的个人资料内容，也有可能决定“就这样”，两种方式都可以。

都市酒性

我们很多人都饮酒。城市里有各种各样的酒吧、葡萄酒专卖店，还有欢乐时光（酒吧的优惠时段）以及很多随时供应酒水的活动，确保我们想喝的时候总能找到一杯。通常，我们开始喝酒精饮料是因为想要那种口感，或是想要放松（而不是病态地要感受痛苦和麻木）。在我们喝酒后，快感很快就来了，如果你能专注于这段体验，就可以继续享受许多快乐时光，但不必喝太多酒。而当我们和自己的感觉疏离时，我们就容易饮酒过量。我们没有注意到自己的饮酒能力减弱，没有意识到自己的身体、精神和社交能力都在下降。很多宗教都禁止饮酒，尤其是其精神领袖，因为他们认为酒精会干扰意识、目的和神圣意志。当一些人决定戒酒的时候，他们大多会回忆起因为喝酒而做出的错误决定，或是令人讨厌的宿醉。

在饮酒的时候引入正念练习，会是一种有趣而充实的体验。请考虑以下活动：

· 觉察到想要饮酒的需求或冲动。理论上，饮酒是愉悦且自愿的，而非强迫或必需的。在有压力的情况下，我们更渴望喝点酒来让自己感觉舒服。但其实我们也可以通过运动、冥想和深呼吸来缓解压力。观察是什么判断或感觉导致我们喝酒，这可以对自己的行为提供非常有价值的洞见。事实上，通过正念来引发我们对酒精的觉察，而不仅仅对饮酒的冲动采取行动，是预防酗酒复发的一个关键内容。

- 慢慢喝。全方位觉察饮品的味道和香气。一些饮品的味道，如葡萄酒、啤酒和威士忌，随着它们暴露于空气中的时间和温度的变化而改变。看看你是否能感知到味道微妙的变化。虽然品酒入门超出了本章重点，但了解不同饮品的特点可能会有所帮助。比如，啤酒有麦芽味（甜甜的、有泥土的芬芳、焦糖味）和啤酒花的味道（鲜脆的、苦涩的和青草味）。

- 当你感到眩晕或有点醉了时，觉察在身体里是怎样一种感觉？是舒服还是难受？如果你开始感到不适，就是该停止喝酒或放慢速度的时候了。同样，如果你感到自己失去了感受饮品的能力，很大可能你已失去了愉悦感。考虑暂停或完全停下来，喝点水或苏打水。

- 保持对自己饮酒原因的觉知，以确保你的行为和你的目标一致。有时候，你想和朋友出去玩或看球赛的意图可能会被再喝一杯的欲望所取代。可想而知，你并不想为了买酒在吧台前排长队，而错过一次有趣的聊天或精彩的赛事。

工作中

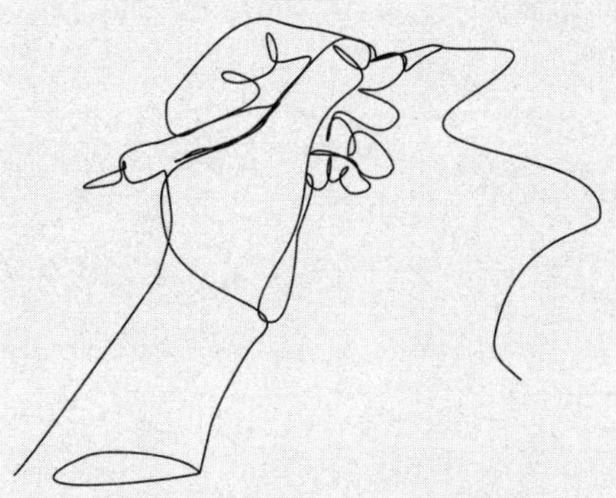

咖啡，加糖加奶加正念

十有八九你是喝咖啡的。实际上，在美国，每天有超过50% 的人会饮用咖啡。在家喝咖啡时，你喜欢添加什么？牛奶还是豆奶，或是奶油，还是你只想喝原味咖啡？想加入甜味剂还是方糖？你很容易就能回答这些问题。你知道如何点咖啡，以及要加什么。实际上，这已经成为早上例行公事的一部分——自动、无意识做的事情。其实，这种习惯化过程是可以调节的，我们可以将注意力和心智投入到更新奇有趣和深思熟虑的分析中。但有时仅仅因为太熟悉了，就会屏蔽掉愉快的体验、口味和感觉。因此，如果你经常喝咖啡，有可能你其实很少真正品尝它了。事实上，一旦你弄清楚自己喜欢的是什么，并且已经习惯了咖啡的味道，你就几乎已经停止享用咖啡了。

这可能会让你大吃一惊，但是，没有两杯咖啡是完全相同的味道。有许多因素影响咖啡的味道：咖啡豆的来源（产地与农场）、品种、烘焙方法，和与其他咖啡豆的混合，以及咖啡作物的季节性生长条件。一旦你煮出一杯咖啡，仍有很多因素参与进来：水，咖啡豆与水的比例，研磨程度，温度，咖啡和牛奶的比例，甚至倒入杯中的糖的精确度。很多人都懂得，当下的状况总是在变化，当然也包括早上的这杯咖啡。

像之前提到的，佛教中经常将正念与“初学者”这个概念联系在一起。从本质上讲，它涉及开放地进入当下时刻，就像是你第一次经历它一样。实际上，这是真的。你以前没有经历过这个时刻，因为它不曾发生。现在，当下，它存在并展现在你面前。当然，在这之前你曾经了解过这些事，那是基于你过去的体验。你知道什么是咖啡以及你会如何选择，这有助于简化整个过程。毕竟，如果把每一种液体都当作一种神秘的、有潜在危险的物质来对待，那我们每次都要花很长时间去饮用它！这样就太辛苦了。然而，有选择地将正念重新引入喝咖啡的体验中，就好像是第一次喝一样，这会让你非常愉快，并提供一种很好的方式来与你喜欢的东西重建连接。

咖啡品尝入门

1. 下次你点咖啡或煮咖啡的时候，在喝第一口之前先注意它的香气。它闻起来怎么样？是泥土芬芳的、辛辣的、焦糖味的、巧克力味的还是水果味的？

2. 接着小抿一口，感受口中的味道。确定自己在品尝咖啡时也能闻到咖啡香，因为香气会影响咖啡的口感。当然，也就是说，你可能要在品尝之前取下咖啡杯的盖子。

3. 专业的咖啡品鉴者会尤其关注咖啡的味道、材质、甜度、酸度以及回味：

   a. 味道可以包括以下几种，是你最初检测到的香味：巧克力味、焦糖味、浆果味、坚果味、酒味或是泥土味。
   b. 你能描述口中咖啡的“感觉”吗？是轻，是厚重，或是两者中间的味道？它一直停留在舌尖，还是很快就消失了？
   c. 酸度或甜度与冲泡的程度有关。觉察你喝下去的时候，舌头是扁平的，还是皱了一下？
   d. 最后，注意回味。口中有哪些挥之不去的味道？
   e. 如果这一切太复杂了，试一下更简单的品尝系统：忘掉这一切，只专注在自己喝咖啡的感觉上。

4. 除了品尝咖啡，也觉察自己的身体感受。这个杯子感觉怎样？是热还是冷？当你握住它时，你能否感到从杯子上传到你手中的温度？而当你放下它时，温度又缓缓扩散开来？

5. 一旦你享用了这杯咖啡，记住它的名字和烘焙的味道，这样你就会知道以后要买哪种。根据当天的状态，根据不同的日子，你可能会选择是想喝一杯清淡的、柑橘味的咖啡，还是一杯泥土味的、焦糖味的咖啡。

几点开工和收工?

当你工作时，你可能会有一个预先制订好的日程表。你应该按时开始工作，在下班时间准时回家。如果你是自由职业者或顾问，可能没有固定的工作时间，但也需要付出一定量的工作或劳动，可能是几个小时。在规定时间以外，你花在工作上的时间可能比你意识到的要多得多。你会把工作带回家，或是不由自主地查看电子邮件和重要的留言。甚至就算你试着为工作设立边界，可能还是会在做其他事情时心里想着工作，比如睡觉前或是陪孩子玩的时候。

假设我问你这个问题："你的工作日什么时候开始，什么时候结束？"你可能会回答："离开工作场所的时候。"如果我问你："那么你什么时候开始思考工作，什么时候停止思考工作？"现在你的回答可能就会不同。可能有些人会说："我从来没有停止过思考工作！"

在工作场所之外思考工作，会对生活有什么影响？有些情况下，它能帮助你有更佳的工作表现。比如当你在家里想事情的时候，你可能发现了应对麻烦客户的更好的方案，或解决教授布置的复杂命题的方法。在其他情况中，你可能会陷入对过去的遗憾，或是对未来的担心。你会迷失在自己的思维中，失去与当下经验的连接，从而导致多任务处理和无意识压力的增加。此外，更糟糕的是，精神状态不佳会导致你失去本可以体验当下的能力。如果你不能在那儿，为什么还要费心做任何事呢？为了更有效地练习正念，你需要更好地控制自己对工作的想法，尤其是当你没在办公的时候。下面有一些帮助你为工作建立边界并在生活中更用心地活在当下的方法：

- 觉察到每天是什么时候开始思考工作的。如果这很难做到，那么感知你的情绪会容易些。比如，你可能对将要开始的一天感到有压力、焦虑或是兴奋。当你觉察到自己的情绪，问问自己，刚才头脑中产生了什么想法。

- 允许自己享受工作日开始时的愉悦体验。例如，让你自己感觉洗澡时温暖的水流，而不是一日的行程。你还可以决定，是要在正念中品尝早餐，还是要在孩子们起床之后全情投入地陪伴他们一会儿。

- 当你离开工作场所后，你就把工作抛之脑后。如果从现在到下次上班这段时间你没有必须要投入的工作和事情，就让思绪放空。你可以想象自己关掉了思考工作的大门，或是把它们放在一个特殊的地方等待下次拜访。不管喜欢与否，当你返回时，你的工作和重要的任务还会在那儿等你处理。

- 思考是否要在早上或晚上（或两者兼有）腾出时间冥想，以支持你完成工作和生活的转换。早晚冥想会帮你觉察到在工作中是什么想法在分散你的注意力。而且，这个冥想不需要非常正式，或是保持固定坐姿。你可以边散步边冥想，或是选择这本书中“在外面”章节的练习。

- 制定一些规则，规定当你不在办公场所的时候，会花多少时间办公或思考工作。例如，当你回到家里，绝不查看工作邮件，或是午夜之后绝不接工作电话。在你的工作职责和精神健康之间，做出合理的调整。

- 在你最容易开始思考工作的地方，留下提醒。可以使用便利贴，或是一些更复杂的方式，例如，在时钟上设置闹铃，或把电脑屏保设置成一定时间自动切换的模式。你还可以在手机、手表或平板电脑上设置倒计时，提醒自己几个小时后就要有意识地暂停一下。

谢谢，订书机！

为了完成工作，我们依赖于很多人的帮助。直接的帮助容易辨识，比如传个短信或是写备忘录，但是要感谢那些我们未曾谋面、仅通过助手给予我们大量帮助的人，就不那么容易了。

想一想订书机。想必你曾用它把文件装订在一起。这是一非常便捷的绑定页面的方法，对吗？现在，可能在你手边就有一个订书机。如果是这样，拿起它，仔细观察几分钟。如果没有，可以随意拿起周围你经常使用的办公工具。

1. 触摸并仔细观察这个订书机（尽可能靠近自己的双眼）。对你来说，它感觉起来有多重？你能估计它的重量吗？让你的指尖滑过它的表面。它的表面是光滑的还是粗糙的？你会怎样描述它的光滑度？那边缘呢？感觉是圆的还是尖的？你会如何描述订书机表面的温度？是凉凉的还是温暖的？当你接触订书机的不同面，温度有变化吗？当你的手指探索订书机时，注意空白和开放的区域，就是指你的手指无法完全确认出形状或轮廓的地方。

2. 当你在观察订书机时，觉察头脑中出现了什么想法和评价。它们是什么（比如，“这真愚蠢”或是“我得尽快回那个电话”），简单做个心理记录，然后继续练习。

3. 现在，继续看看这个订书机。你看到了什么？它是什么颜色的？有光线的反射吗？在光线变化时，你能看出它有变化吗？它是发亮的还是黯淡的？你能否在它的表面看到房间的部分阴影？在订书机的表面有什么字吗？写了什么？

4. 现在，把订书机靠近你的耳朵（不要太近），把它合起来。注意订书机发出的声音。它持续了多久？是高音还是低音？这个声音是否随时间改变？

现在，你已经运用感官的方式检查过你的订书机了（我们就跳过品尝和闻它的味道），花时间欣赏一下它是怎样把你和世界上的其他人联系在一起的。最明显的例子就是与其他同事共用这个订书机，这个简单的办公工具就是一个相互依存的实例。考虑以下问题：

- 这个订书机怎么会出现在你桌上？是谁把它放在这儿的？
- 它来到这儿之前在哪里？是从家里、供应商的储物柜，还是从商店里来的？

· 它是怎样被运到这儿的？是谁帮忙把它带到这个地方的？

当你追溯订书机的来源时，想想所有参与制作它的人在这个时间和地点出现在你面前。如果你看到它是由中国或其他国家制造的，你就可以想象它长途跋涉，经由很多人的工作才安全抵达你的工作场所。这些人包括工厂的工人、快递人员、销售商，以及其他把这个小小订书机送到你手中的人。如果扩大一下范围，还可以思考所有曾帮助他们完成工作的人（比如设计师和建造工厂的工人），那么这个连接的网络就变得更宽广了。一个普通的办公工具也能有个不可思议的旅程，不是吗？

当你在深思和感谢过这只订书机之后，你可以用这种方式继续感谢工作场所中的所有工具（包括你的服装）。在你下班回家的路上，保持这种看问题的方式，哪怕只是一小会儿，觉知你和周围人的相互关联。

“工作”是个动词，“玩耍”也是呀

当你听到“工作”这个词首先会联想到什么？比如联想到“我有工作要做”“我要去工作了”“这里还有一些工作给你”，这会让你感觉愉快和舒畅吗？如果是，相信自己是个幸运的人。而对其他人来说，“工作”则带着相当负面和节制的意味。它意味着责任、义务、严肃，以及做我们根本不愿做的事情。工作还意味着重要性或优先权。你有多少次是因为“必须去工作”而放弃其他事情（比如聚会、聊天、家庭相聚）？

考虑到这些联系，我们对工作经常会抱有负面评价就不意外了。我们抱怨职责、压力、工作量及讨厌的同事。带着这种心态，我们就无法以不同的方式体验工作。有没有什么方法可以让你在工作中傻傻地玩得开心，或者带着一颗玩乐的心去做必要的事？这是多么可笑的问题啊！虽然许多有创意的公司会通过游戏或其他有趣的活动来推行新的工作态度。例如谷歌就提供了游泳池、桌上足球、乒乓球和按摩椅。雇员可以把爱犬带到办公室，甚至可以穿着睡衣来工作。而且这些雇员的工作也相当卖力。

假设你的公司或是工作场所没有攀岩墙或美食自助餐厅，

那你要如何在那里体会乐趣呢？下面有五种方式，让你在工作期间也可以玩耍一下：

- 观察你对工作和任务的态度。有什么评价从脑中划过？你有什么感觉？兴奋，不满，压力？好奇地审视你的想法和感受，同时，让你与它们之间保持一点情感上的距离。
- 在你处理手边任务时，重新调整自己的定位。你需要完成什么？需要什么样的态度？需要严肃认真吗（或许你在殡仪馆工作）？能不能面带微笑地做一些必要的事情？看看你能否坚持自己所选择的态度。这样做感觉怎样？
- 在工作中尽量多微笑。一般来说，我们会表现出自己的情绪。比如，每当感觉有压力的时候，我们倾向于表情僵硬、严苛、不苟言笑。我们的身体不仅会保持这种状态，还会利用它来进一步提供信息，告诉我们以后该如何感受，以此作为持续反馈循环的一部分。其实，我们可以通过调整姿势和面部表情，来有目的地改变情绪状态。也就是说，我们能够通过采取新的行为，引导自己从不同的角度思考问题。

  事实上，通过模仿特定情绪的身体状态，确实可以让我们体验到这种情绪。重要的是，我们能够通过"欺骗"自己的大脑，让我们感觉到某种并没有的情绪。比如，如果你在微笑的同时蹦蹦跳跳，允许身体自然晃动，你就很难感到压力。不相信吗？试着做3分钟。通过这样的练习，你会获得某种直观洞见，就像谚语所说："假装是这样，直到你真的得到。"

- 接受工作中你不喜欢的部分，试着从中找出一些积极面。虽然你不喜欢你的老板，但你可能喜欢自己在工作中拥有很多独立自主的权利。或者，你不喜欢打销售电话，但是你喜欢和人们交流。确定是什么内容让你感到工作有意义，并经常提醒自己这些重要的价值。
- 与你的同事分享有趣的事。虽然工作中的交流要避开很多话题（比如政治、性、宗教），但你还是可以找到许多有趣的话题或笑话与同事分享。什么？你不知道什么笑话？那么从今天开始尝试吧。

如果你不会在工作中给自己减压，那么这对你是个好消息：减压有利于工作效率的提高。也就是说，允许自己少做一些，这样你反而会有更多产出！压力研究表明，我们在中等压力环境下会达到最高的工作效率。超过这个阈值，我们的表现就会变糟。所以你知道为什么一些擅于调整心态的运动员，在比赛中能够表现出色，而有些人给自己的压力很大，反而表现不好了吧？同样的原理（以及相关的心理机制）也可以应用在工作中。所以无论你在什么时候感到"窒息"，就让自己好好休息并玩耍一下，再回来看看你的工作表现。是更出色了呢，还是更糟，或者没什么变化？无论结果怎样，每当你有不堪重负的感觉，就记起你从这段经历中所学到的东西并应用起来。

正念急救包

有时，我们会陷入某种情绪中不能自拔，需要额外的帮助来从这种自动驾驶中解脱。我们可能会拒绝坐下来冥想，或者我们想坚持冥想，但一旦坐下来，又觉得难以专心。在这些时候，求助于以前的创作或编辑的东西来支持正念练习，会非常有帮助，例如音乐专辑、相册等。你也可以创建一个“正念急救包”来专门应对这种情况。

在临床实习期间，我和天才心理学家洛林·奥尔曼一起工作，她将正念应用于对慢性精神疾病患者的集体治疗。作为项目的一部分，她建议参与者开发一个“感官急救包”，里面放入一些能够唤醒五感（看，闻，听，尝，触）的物品。比如，有位参与者喜欢去海边，于是装了一箱能让她回忆起这个她最喜欢的地方的东西，包括明信片（看）、海洋音乐 CD（听）、防晒乳液（闻）及盐水太妃糖（尝）。然后她在这个箱子里加入沙子（触）。当她感到压力难以承受的时候，她可以翻出自己的急救箱，花几分钟让自己沉浸在这种感觉中。与团体的其他成员一样，这样做之后，她不仅感到压力减轻，还非常享受这个正念练习。实际上，她开始相信，陷入困境也是一件积极的事，因为这意味着是时候主动练习正念了！下面有几种方式可以帮助你创建自己的正念急救包：

1. 在开始前，先觉察你的态度。你是否感到兴奋，或是有压力打算想出一些“有创意”或“完美”的东西？

2. 找个特别的地方保存这个急救包。你可以预想一下在哪里最需要它，是办公室、家还是公交车上？你可以把它放在抽屉里，也可以把它带在身上。确定保存它的最合适的地方。

3. 挑选要装入的几件东西，作为你集中注意力的首选物品。一个理想的医疗急救包包括几种药物和绷带，所以你的正念急救包也需要放入不同的东西。

4. 不要带那种会勾起许多回忆的东西。你需要靠它们保持专注，而不是获取灵感。所以，例如，除非你决定花时间欣赏诗集的字体，而不是研究它的内容，那么诗集才能算是不错的选择。这是正念与思考的区别。

当你要选取特别的物品时，请记住，它不一定要与主题直接相关。简单地选取让你感觉不错的东西。你的正念急救包应该是诱人的，而不是令人讨厌的。下面是根据相应的感觉选取物品的关键点：

- 视觉。选择一个看上去不太引人思考、感情上不太刺激的图片或物品。感觉舒服就行。你不会想盯着前任的照片看吧?

- 味觉。选择一种保质期较长的食品，比如麦片棒或是一块巧克力。你不会想放入桃子或寿司的，除非你想对着苍蝇练习正念!

- 听觉。选取冥想、祈祷的引导音乐或几首精选歌曲。虽然大自然之声能令人放松并且感到安慰，但那并不适合做正念练习。因为这些录音通常是重复的、循环播放的，很容易让我们忽略一些事情。记住，你要找的是变化较多的音乐。

- 触觉。你的物品应该具有某种纹理或温度，比如石头、织布或是轻便的冰袋。纸片或类似物件，很可能因为其光滑、精细的质地而不那么容易被觉察。

- 嗅觉也是非常强有力的感觉，有很多练习的可能。就我个人而言，我真的很享受咖啡香，所以我喜欢随时准备一些咖啡豆。你可能会选择空气清新剂、房间喷雾或是喷有香水的杂志。

- 考虑以一种有意义或促进平和感的仪式的方式结合这些感官元素。比如，如果你有茶包，可以先闻一下，在泡茶的时候感受温暖的杯子，然后再在茶泡好后品尝一下。

按下按钮

不管你在哪里工作，你都会按下很多按钮。如果你在高楼层办公，你会按下电梯和电脑键盘上的按钮。如果你在咖啡厅工作，你会按下收款机、咖啡机和微波炉的按钮。如果你是快递员，你会按门铃，还会在平板电脑上获取签名。你可能不会意识到在一整天中有多么依赖这些按钮。

除了物理按钮，我们也会“按下”同事、同学、顾客、老板、患者和客户的按钮。不同于有意识地用手指拨打电话，我们通常并没有意识到行为、言语对周围人的影响程度。然而，当我们与周围人交往时，他们的反应和反馈是不可避免的，反过来也是一样。

我们的行为和言语推动另一个人的反应，它必定会经过这个人的感知、思想、情绪状态、文化、与他人的关系以及他整个生活史的过滤。这是相当令人难以置信的一系列事件！你可能只想友好地向同事借支笔，但他可能今天心情不好，且借出去的笔没有被还过，这让他对你冷笑了一下或翻了个白眼。现在，你可能会想:“怎样？这是他的问题！”实际上，这是他的问题，但现在却成为你的问题，当你需要借助别人的帮助才能写字时。而且当你允许自己的“自尊心按钮”被他人按下了时——认为他人的反应是对自己的不尊重、不屑一顾，甚至感到受侮辱——那就更加转化成了你的问题。

在工作中，与同事和睦相处通常很重要。我们在某种程度上依赖于他们的帮助和支持。友善和支持会让我们感觉更好，而不是充满怨恨和报复。如果尊重同事对你很重要，请考虑以下活动：

- 意识到你是如何与同事打招呼和交谈的。你会从“你好吗？”开始，还是直接谈论问题，或者，你需要别人做什么？你与他人谈话时有没有微笑？重要的是，你是否给予他人同样的礼貌和尊重？

- 当你和某人接触时，注意他们的行为、表情和姿势。它们是否暗示了某种特殊的情绪？如果这个人看起来状态不好，问一个很有力的问题：“我能为你做什么吗？”

- 特别留意同事对你的言行是如何反应的。注意他们是否会生气，或突然变得冷漠起来？带着共情的好奇心，问问刚才发生了什么，看看你按下了对方的什么按钮。

- 注意你什么时候会对同事做出负面判断。他做了或说了什么让你做出这样的评价？同样的情况是否会有不同的解释？“基本归因错误”是一个心理学概念，指人们倾向于把自己的不良行为解释为环境的结果，而把别人的不良行为看作是他们个性的反映。鉴于这种认知偏差，是否有可能是某些外部因素导致了这个人的行为呢？

你可能会问：“那些对我不好的人怎么办？我必须要对他们好吗？”不，不必对他们好。但请观察你不同的言行所产生的不同感觉。当你对一个“不够格”的同事表现出不敬或轻蔑的时候，你有什么感觉？相比之下，当你同情那个人时，你又有什么感觉？很有可能，后者让你感觉更好。所以如果可以选择的话，对人友好一些不是更好吗？

感官“铁人五项”

铁人三项赛是对体能要求最高的运动之一。游泳、骑车、跑步的组合强迫你使用不同的肌肉，而且要在不同的剧烈活动之间平稳过渡。在工作中，你也会遇到类似的挑战。假设你没有时间（或精力）突然开始运动，你也可以做感官“铁人五项”。这个活动要求你按顺序完全专注于每一种感觉，实际上是在培养正念的专注力和觉知。参与规则非常简单：

1. 把你的视线专注于一个特定物体或区域。不管它离你有多远，这个物体应该只有半美元那么大。例如，你可以选择墙上或天花板上的斑点。基本上，在这个练习中，你要保持静止，头和眼睛都不要转动。

2. 把你的注意力集中到这个区域或物体上。看看它的颜色、形状、阴影等，不要去管它的标签（例如，“这是一堵墙”）。一旦你对物体或区域的外观有了了解，就继续下一个活动。

3. 听听周围发生了什么。把注意力放在你可以辨识的所有声音上。

看看你能否只把它们当作声音来体验，而不标明可能的来源（例如脚步声、手机铃声，等等）。一旦你辨认出可能听到的任何声音，就为下一步做好了准备。

4. 闻一闻你的周围。通过鼻子深呼吸，可以发现什么气味和香味？有没有发霉的味道、啤酒味或柠檬味？一旦你充分识别了所在区域的气味，就可以开始下一步了。

5. 关注你嘴里发生的事情。最近一餐的味道？或是刚吃的薄荷？还有什么味道残留？你的舌头是否感觉又干又厚，或是湿润光滑？在那里发生了什么？一旦你开始关注口腔和舌头，就可以进行最后一步。

6. 注意你皮肤的感觉。觉察身体各个部位的温度。如果你的手臂暴露在空调运行的房间里，比起有衣服遮盖的躯干和腿，胳膊可能会感觉有点冷。你的脚可能感到透风或潮湿，这取决于你穿的鞋子。尤其注意能接触到东西的身体部位。比如，如果你坐着，注意椅子接触到了腿、臀部、后背的地方。一旦彻底探索了你的触觉，你就成功了！

恭喜，你已经成功完成了这个项目。你是否进行得很快，在很短时间内就完成了对所有感觉的觉察？哎呀，我忘了告诉你，赢家其实是进行得最慢的人。祝你明天做得更好！

说说看，你对赛后放松感兴趣吗？在佛教中，念头被认为是可以感知到的，就如同视觉、听觉、嗅觉、味觉、触觉这五种感觉。如果你准备好了，可以花点时间来检查一下自己的想法，意识到有什么念头出现在头脑中。思绪就是思绪，是在意识中升起又落下的念头。当你准备好再次投入工作时，先在这个状态中待几分钟。

带着觉知上上下下

哦，在城市中上班要经历上上下下的起伏！每天我们都会沿楼梯、直梯或自动扶梯在家和单位间往返。你可能并没有住在高层，也没有在大厦中办公，但会在换乘地铁时爬楼梯，或是步行回到三楼。因为在行程中，这些上下的运动都比较快，所以通常不会引起我们的注意。然而，它们可以作为练习正念的有趣机会。

- 当你乘电梯或扶梯时，觉察呼吸。如果在上行，尤其注意每一次吸气。如果在下行，专注于每一次呼气。尽量不要夸大呼吸不同的方面。记住，就只是简单地关注你真实的呼吸。

- 缓慢地上楼和下楼，感觉每一次脚掌落地和膝盖的弯曲。注意去感觉肌肉是如何举起身体登上一个台阶的，或是在下楼梯时，膝盖是如何吸收震动的。意识到所有的疼痛。如果有必要，要休息。

- 在等待的时候，培养耐心。无论你按了多少次“关门”，电梯也不会加速上行。同样，扶梯也是按预设的速度移动着。让自己被它们带着兜风吧，不要急于求成。

- 利用这些经验在家和工作场所之间谨慎地过渡。当你离开一个地方，想象把所有的压力都抛之脑后。当你到达另一个地方推门而入时，调整自己的状态，并将其带进这个空间。

- 他人也需要到达他们的目的地，你要接纳这一点。这意味着在你前面慢慢上楼梯的人和你一样有权利在那里。尊重他人的空间。不要在楼梯或电梯中挡住他人。

当人们在上上下下中“破坏规则”时，观察自己的念头、反应和评价。也许有人站在电梯中间，或是有人站在扶梯左侧却不行走。如果你注意到自己对此出现了负面评价，放下你的期望，看看这对你来说是否有不同的感觉。

除了这些练习，思考一下上楼梯、电梯和扶梯的过程，把它当成一个隐喻，它说明我们如何在生活中为不同领域划分着优先次序。这也就是说，工作、居住、购物、访友都发生在不同的空间点上，而有些地方在物理位置上比其他地方更高一点。这种位阶是否反映了你自己的价值观？打个比方，如果你住在地下室，却在 30 层工作，这是否反映出你的职业生涯优先于你的个人生活？当然，这里的任何关联也许都只是巧合。然而，当你从一个空间移动到另一个空间时，对这些楼层的变化进行反思，会有助于你识别并领会它们所代表的领域，以及对你的个人意义。

蕨类植物冥想

研究不断证明，人们与大自然联系在一起时，通常会感觉更好。窗外美丽的田园风景，与住院后更好的恢复效果相关，在办公室种些植物也可以减少压力，增加产出。虽然这些研究没有测试其他的减压干扰（如鱼缸）或其他的解释（如空气质量的改善），但都认为观赏大自然有助于内在的放松。

不幸的是，我们在城市里工作和生活时，大多时间是与自然隔离的。树木被限制在人行道非常小的地块上，你能看到的花朵多是在花店的橱窗里，而不是从地上自发生长的。如果你在办公室工作，会被很多塑料和人造物品（比如，电脑和订书机）所包围，而不是大自然中生长的事物。但一些工作场所会有少量的植物作为装饰。你也可以放一些小植物在自己的工作场所，无论是小隔间、零售店还是出租车上。许多种类的植物即使在光照差和少水的情况下也能茁壮成长。还有一些室内植物也相对好打理，比如虎尾兰、绿萝、广东万年青等。

为了练习这个冥想，选择一株植物作为视觉关注点。在练习的过程中，将你的目光和注意力都停留在这棵植物上。准备好了吗？

1. 站在距离植物三步远的位置。理想情况下，你的视野应主要覆盖在植物和花盆上。

2. 从盆底开始观察颜色、磨光、质地。观察盆上的阴影，以及它们表面的任何反光。如果你看到了灰尘、污渍等脏东西和水滴，试着纯粹从颜色、形状，以及与花盆其余部分的关系来观察。观察你的念头是否给这些元素下了判断——比如，记下“它很脏”或“很难看”。在你从下往上观察花盆的时候，把注意力拉回到视觉上。

3. 随着目光向上移动，花时间观察植物超出花盆的部分。你可能会看到叶子或是树枝挂在花盆边缘。

4. 挑选一片叶子或一根树枝仔细观察。观察它的形状、颜色和阴影。注意，没有一片叶子是纯绿色的。你可能会注意到黄褐绿色、灰色、棕色，甚至是黑色。基于周围的光线，你会发现叶子上不同的色调、亮度、反射，还有阴影。

5. 观察脑中出现的任何评价。叶片下垂或是褐色边缘可能让你考虑是否要浇水。一棵充满活力的健康植物，可能让你恭喜自己（或是照看植物的人）做得好。不管做出怎样的评价，简单地注意它们一会儿，再回到观察植物的视觉上。

6. 把你的目光向上移动，让自己看到更多植物。扫描每片叶子和枝干的边缘。欣赏叶子的每个褶皱，枝丫的每个弯曲处。哪怕仅仅观察一个枝丫或是复叶，都可能要花上一些时间。观察你的思绪是如何随着你观察的细节而向前跳跃的。你可能还会注意到，当植物或花盆的其他部分隐藏在视线之外时，你是如何失去对某个树叶或树枝的跟踪的。

7. 当你向植物的中心移动，把注意力专注在花盆中间，允许自己从周围的景象中感知更多细节。进行几次呼吸，依然保持对这棵植物的分散的视觉感知。

8. 你的目光继续向上移动，保持对植物的观察。观察树叶和枝丫是如何指向天空的。让你的注意力跟随这个流动，从植物的有形表面流向自由的户外。

9. 在冥想尾声，感谢自己在工作中抽出时间来练习，同时感谢地球为你的冥想创造了如此美妙、生动的关注对象。最后，如果可以的话，给那棵植物喝点水吧。

愉快的一天！

开始工作之前，你会想象些什么？你能想象自己成功而平静地管理了这一日（或一夜）吗？或你是否预料到所有可能出现的压力，以及会有多不知所措？许多人倾向于对工作中可能发生的负面事件进行反复思考，并将其“灾难化”。或许你担心与愤怒的顾客打交道，害怕打电话，或是担忧可能会再次弄伤后背。不管这些情况是否真会发生，我们常常无法想象自己能很好地处理它们。每当我们担心时，我们就更倾向于注意事情有多糟糕，而不是专注于解决问题，或意识到即使糟糕的事情发生了，生活还将继续。

在工作之前，与其在晨间正念练习中担忧着即将到来的一天，不如用一种积极的方式想象今天会发生什么。想象自己度过了愉快的一天。如果你认为可能会遇到困难或挫折，想象自己处理得很好。事实上，研究表明，这种精神练习会提高未来的表现。例如，你害怕打销售电话，但如果预先想象自己会做或说什么，你可能会表现得更好。美国游泳运动员迈克尔·菲尔普斯在 2008 年的奥林匹克运动会中打破纪录，夺得了八块金牌，就是使用这种精神技术作为训练的一部分的。特别是，他不仅想象在泳池里的每一次划水，也想象自己每一次成功地解决了潜在困难——例如，护目镜进水。

以下是创建最有效图像的条件：

- 尽量生动具体地想象。在脑海中，想象出你将在哪里，会遇到谁，如何交谈，以及你会做什么。关注细节非常重要。你若能清晰地描述或“看到”场景，效果会更好。

- 专注于一个非常具体的情况，比如在一个重要的截止日期前完成任务，或是预想一整天。正如你所知，创造和设想一个场景需要时间。对这种排练策略的回顾表明，它们应该持续大约 20 分钟才奏效。

- 明确区分这一日会发生的事情，以及你的反应。不管这一天发生的事情是积极的、消极的、中立的，还是它们的某种组合，想象自己冷静有效地管理工作。如果你预计在未来的日子里遇到困难，也同样想象自己富有成效地解决了这些问题。这是一种在认知疗法中解决焦虑障碍的技术。

- 从开始到结束，按顺序想象你一整天的经历。这将帮助您更好地构建场景，并识别将要展开的所有微小步骤。

· 面带微笑地做这个创建图像的练习，并看到自己在画面里微笑。当你想象自己在工作时，看到自己微笑着，感觉很放松。当你想象的时候，试着体现平和与平静的感觉。

在外面

城市垃圾邮件拦截器

生活在城市里，每当外出时，我们都难免被广告和文字消息所轰炸。日常生活中的标牌、T恤商标、广告牌和传单，都在污染着我们的视觉景观。站在布鲁克林的街角，我惊讶地发现，仅仅在一分钟内就在视线范围内数出了21个广告。就连垃圾清扫车上都装饰着花色标志，从认证贴纸到部门标志，再到“不要乱扔垃圾”的告示。

我们为计算机配备垃圾邮件过滤器和弹窗广告拦截器，并尽最大努力确保上网的安全，避开病毒和无用的电子邮件。然而遗憾的是，我们的城市生活却没有这样的设置。

文字信息和广告与公共设施交织在一起，难以移除。而当我们在树林里远足，或在海滩涉水时，我们几乎很少看到（甚至完全看不到！）文字信息或广告。在城市里，你可以试着找一辆没贴司机姓名、电话和广告的出租车，也许你根本就找不到。即使在家里，书架上书的书脊、麦片盒的商标和垃圾邮件都在对我们的大脑和注意力施加着微妙的影响。在外面，唯一的选择似乎就是戴上眼罩（或闭上眼睛），当然我不建议你这样做，特别是在过马路的时候。

因此，我们需要找到一种方式，让我们与城市无处不在的广告文字和图像有意识地和平共处。在这方面，我们有两个选择：把这些信息当作“提示器”，提醒我们有意识地将注意力集中到体验的其他方面，例如呼吸；或从容不迫地专注在这个主题信息上，留意所看到的内容（以及我们内在产生的想法和感受）。

- 选择一些信息或图像作为提示，催促我们把注意力聚焦于其他事情。例如，可以这样：每当看到“打开”标志时，检查自己的体态，并把肩膀向后打开。或当你看到牛仔裤广告时，用手指轻轻触摸裤子的接缝。决定具体做什么并不是最重要的，重要的是这个过程，它会促使你更有意识、有觉知地置身于当下的环境中。

- 多加注意——更加关注你看到的文本和图像。当你看到词语的时候，先选择一个字，注意它的颜色和形状。留意自己在识别词语、为字体命名或理解某些词组时的思维倾向。例如，你的大脑可能会首先注意到“递送”这个词是由“递”和“送”组成的，而不是仅仅顺着音律和起伏读过。每当看图片时，留意这张图片的内容。你观察到它使用了哪种颜色、底纹，以及画面的布局是怎样的？

当你专注于广告和标识时，务必留意在你内心同时浮现的思想和情绪。当你在注意一则泰国菜广告时，可能会意识到自己饿了；或者当你看到奢侈品广告时，可能会感叹自己有限的预算。服装广告可能会促使你反思自己的衣橱或身材。广告通过鼓动你对现状不满而达到目的——让你渴望拥有那些正在推销的商品。如果对生活中所拥有的（或没有的）已经感到满足和舒适，你就会少购买很多东西。

所以，当你一边在用心欣赏这些信息，一边做个总结，问问自己的头脑中浮现了哪些评判，又有哪些欲望。通过这种方式去留意自己对事物的反应，我们就可以变得更加独立，不受制于它们的影响。

在公众场合觉察悲伤

你不敢相信这是真的，这不公平，甚至看起来都不可能发生，但这却是一个令人心碎的事实。这是怎么发生的？为什么？你震惊和悲伤的程度无法用言语形容。随着这个消息慢慢渗入你的心，泪水开始在你眼中涌动。太多的痛苦从内心涌出，你几乎难过得无法呼吸。

然后，你意识到自己置身何处。“你不能在这里哭！”有个声音在头脑里尖叫。强忍住眼泪，你勇敢地挣扎着去控制悲伤，同时在考虑找一个合适的地方大哭一场。

像这样极度悲伤的时刻是很难让人忍受的。在人类无数的情感中，悲伤似乎是最难以公开表达的。在城市的公共空间，几乎没有个人隐私的容身之地。除非我们独自在家，否则几乎总是和他人在一起。当我们认为情境不适合或场合太公开的时候，大多数人都尽量不让自己流露悲伤。然而，情绪却并不总能“归顺”于社会规范、外在环境或我们的管控。例如，不管身在何处，听到亲爱的朋友或亲人去世的消息，我们都可能产生强烈的悲痛。我们会当场哭出来吗？我们会试图控制自己吗？我们要如何表达这突如其来的悲伤？

作为一名心理学家，我曾与许多勇敢地尝试压抑痛苦的人共事过。他们拒绝接受痛苦，拒绝从痛苦中领悟，他们麻痹自己（例如通过过度饮食或吸食毒品），或者逃避那些会引发痛苦的情境。

通常，产生这种反应的首要原因是恐惧，对潜在灾难的强烈恐惧，或害怕自己控制不了流动的情感。就像在水下抓着一个大大的、有浮力的沙滩球，这个过程必须付出很大程度的专注和力量。不可避免地，你会失去对它的控制，然后沙滩球出乎意料地在某个位置浮出水面。由此产生的波浪保证会让你——及周围的每个人——被你试图控制的情绪所淹没。这种情况下，更健康、更具觉知（有意识）的反应是，接受正在发生的事，允许它浮出水面。近年来，心理学研究为此提供了支持性的证据——压抑思想和情绪会引发消极甚至适得其反的结果。

那么，在公共场合体验像悲伤这样强烈的情绪，意味着什么呢？首先，你需要先接受自己的感受，并且认识到，一个人不可能完全控制情绪。事实上，控制它们只会更麻烦。在这种情况下，对自己的情感状态抱持一份慈悲，会更有帮助。换句话说，正确的答案是自我同情，而不是自我控制。有一些练习也可以促进这种抱持发生。

- 下次当你感受到某种强烈的情绪时，例如悲伤，注意你产生了什么反应。有没有绷着脸，忍着眼泪，试图遏制感受？你是不是想找个角落躲起来，不让别人看到你流泪？注意你在害怕什么、担忧什么，不要评判自己。然后与周围的人分享你深藏的情感，无论是朋友、家人还是陌生人。

- 认识到你不是唯一有情绪的人。问问自己："此时此刻，还有谁会有同样的感受？"此刻，在这个城市中，在你的周围，还会有人同你一样感到悲伤。或许，你与他人之间的连接感会在这种强烈的体验中得到确认。

- 当你看到别人哭泣或陷入艰难的情绪中时，向他们施予善意和慈悲。尽量与他们的感受共情，尽量设想当你有这种情绪时是什么感受。即使不知道他们为何如此，你也能体会到情绪上的连接吗?

- 请相信，你不会被感受淹没。你可能会感到一阵强烈的悲伤，但它会过去的。情绪常被比作海浪或天气。这个比喻既反映出我们无法控制情绪，还强调了我们感受到的一切都是短暂的、瞬息的。另外，不管情绪有多强烈，我们的感受终究都会有所不同。这就是人的本性。

自然，自然，无所不在

尽管城市总是布满砖块和钢筋水泥，大自然还是尽力在其中表达它的繁盛。然而，除非我们去公园或社区花园，否则大自然的迹象可能不易察觉。例如，从人行道的裂缝中冒出的草丛，或者嵌入酒店入口处的盆栽灌木。不过，我们也并非只能从植物中看到大自然。松鼠、鸽子、老鼠、猫和狗也很常见。一位细心的纽约人甚至注意到，地铁的水坑里竟然有鱼！

观察自然对我们的健康有利，因此，更多地关注我们周围的植物和动物会很有益处。此外，对大自然保有觉知，也能让我们注意到城市的季节性变化。树木、花朵等植物的生长都与季节保持协调。例如，春夏两季，藤蔓植物会在建筑物的两侧迅速生长，但到了秋冬就会枯萎（假设你住在更北部的城市）。就算是季节性变化较小的城市，仍会在每日或每周体验到天气的差异。例如，一组花群就算在盛开期也会有所变化，有些花朵凋谢了，而后被其他花朵所取代。动物对变化和波动也一样敏感。春天的松鼠在经历了一个饥寒交迫的冬季后，体型明显精瘦，而在夏秋两季则显然丰腴得多。就连狗狗们也参与进来，因为主人会在温暖的日子给它们戴遮阳帽，在寒冷的日子给它们穿毛衣。

以下是一些建议，可以让你变得对周围的自然环境更具觉察力：

- 在上下班途中选一块绿色植物所在地，每天通勤时都去留意一下它。选择体量相对较小的，例如一棵树、窗台的花坛或是灌木丛。当你路过这个区域时，停下来花点时间观察和描述你所看到的。你甚至可以拍一系列照片，这样就可以看出植物随时日流逝和季节轮回而发生的变化。

- 挑战你自己去留意周围的自然事物。即使在最繁华的新加坡市中心的街角，也能看到大自然的景观。例如，你也许会注意到唐人街商店里正在出售的青竹，或者看到有人正在把一束玫瑰花送到办公楼。无论身处什么环境，邀请你自己做一个大自然的观察员。

- 在靠近家或工作的地方培育一处自然景观。寻找一些野生植物，比如一片鲜绿的野草或一棵你很喜欢的树，然后承担起照顾它们的责任。或许你需要每周给它们浇水，也可能是挑拣出任何堆积的垃圾。如果你想更多地参与到这类活动中，不妨研究一下市政树木资源。许多城市，例如纽约、亚特兰大和旧金山，都有专门从事种植和养护树木的机构和组织。

通常，它们都欢迎志愿者帮忙栽种和照顾树木（比如修剪）。它们还会处理种植城市树木的请求，如果你想在你的家门前有一棵可以遮阴的树。

- 观察你在一天当中遇到的所有动物。在你赴约途中，或许路过当地的爱犬公园，停下来一会儿，花点时间看狗狗们玩耍奔跑，互相追赶。过一会儿，你可能又注意到地铁轨道上有只老鼠在穿行（或许你的反应是厌恶和恶心）。即使在商店、电梯和办公室里，你都可能惊讶地发现，某人的钱包或手提包里露出了一个鼻子或一撮胡须（他们的宠物）！

你喜欢听现场演奏吗?

2007 年，《华盛顿邮报》进行了一项有趣的实验。它聘请世界闻名的小提琴家约书亚·贝尔在熙熙攘攘的地铁站演奏一系列作品。身着 T 恤和牛仔裤，激情挥舞着斯特拉迪瓦里小提琴，贝尔先生娴熟地演奏着巴赫、勃拉姆斯和其他伟大古典作曲家的作品。演奏进行了 45 分钟，有一千多人经过这个被音乐声覆盖的区域，但有多少人驻足聆听呢?

试想一下，这里有一位音乐家，他的演出票总是售罄或经常只剩站票，而且每张票都售价不菲，可能远远超过一百美元。他曾因“音乐领域的杰出成就与卓著”赢得艾弗里·费舍尔奖，甚至被《人物》杂志评选为“全球最美丽的 50 人”之一。

那么，这位成就斐然的艺术家是否召集到了一群狂热的仰慕者呢? 并没有。在一千多个路人中，只有 7 位暂停了脚步，平均花了 1 分多钟听他演奏。在城市里，我们在文化和艺术活动上消费很多。我们喜欢去剧场看话剧，看最新的音乐剧，参加舞会，听音乐会，还喜欢看看喜剧找乐子。但当这些艺术家以街头艺人的样貌出现时，我们往往会错过。

这里面有很多原因。事实上，免费演出让我们贬低了它的价值。我们大概会想，如果那家伙真有两下子，他就不会在这里演奏了！另外，我们也没有被告知，该如何看待这个人的表现。没有批评家或可信赖的朋友事先做出评判，所以只能靠我们自己去判定是否喜欢它。虽然这会让我们全神贯注于当下，但也可能令人紧张，尤其是在假设我们有自己观点的情况下。此外，我们倾向于基于个人的喜好迅速做出判断。如果你了解自己对古典乐不感兴趣，那么你就不会听任何一位小提琴家演奏弦乐四重奏之类的音乐。从某些方面来说，这种评判与正念正相反，尤其当我们无法单纯聆听这种音乐的时候。有可能，正如预期，我们并不喜欢它。但也有可能，我们的情感被转移到了一个新的领域，点燃了新的火花，并由此引发了对所有古典事物的狂热兴趣。当我们听到街头音乐家的演奏时，最糟糕的反应就是认为自己被打扰而感到愤慨。这种心态让人感觉有什么东西强加在自己身上，不仅使我们无法感受音乐，还会让人感觉很糟糕。（当然，如果你对某个街头音乐家有这种感觉，我绝不会提起那个在农贸市场练吉他的家伙。）所以，与其停下来欣赏演出，不如把耳机里的音乐声调大，盖过那些吵人的音乐。但这会导致听力损伤，也不是最健康的反应。

1. 下次当你路过街头音乐家（或任何街头表演者）时，为什么不停下来一会儿，欣赏一下这场精彩的演出呢？你听到了哪些音符和音调？这首歌你熟悉吗？如果是的话，看看你能否让自己只是单纯地聆听，而不要把它与另一个版本相比较，或者跳过几个小节。

2. 注意你是否倾向于忽视某类演奏者或音乐类型。当你第一次听到音乐或看到表演者时，头脑中产生了哪些评判？看看你能否暂时放下这些评判，只专注演奏。这首乐曲好听吗？你喜欢吗？如果你不怎么喜欢，那么你对演奏者的技艺和热情作何评价？

3. 最后，留意你在捐款时产生了什么想法。你是否觉得必须给钱，或固执地抗拒这种做法，拒绝屈服于社会压力？如果你不捐钱就离开，会对音乐家感到抱歉或内疚吗？留意这些想法，然后回到这段看表演的体验上。如果你发现当中有愉悦的部分，考虑用一句简单的感谢、一次礼貌的掌声、一句发自内心的“太棒了”或是一笔适当的捐款表达你的心意。这场演出对你来说究竟价值多少？

行走中的冥想

城市居民经常会步行去商店、餐馆和公司，郊区或农村的居民反而要花很多时间在汽车里，从车道到停车位（然后再回来）。对比之下，我们许多城市居民甚至没有私家车，依靠步行、自行车、公共交通和出租车出行。

在城市里的步行并不是悠闲地散步。我们不会在人行道上闲逛，仔细查看建筑物的结构或对别人微笑。相反，我们明确且迅速地走向目的地。我们常常边走边听音乐或打电话，对途中的一切都不理会。在精神上，我们会让自己迷失在思绪中，从而分散注意力。行禅，即在行走中冥想，是将正念引入人类最基本活动中的一种有效方法。传统的行禅速度要非常慢，这样才可以专注于与身体动作相关的肢体感觉。然而，如果我们试图以行禅的方式走在繁忙的街道上，那很可能会被其他人碾过。在纽约，我们用一个词来形容这样行走的人：游客！

因此，要在城市里练习行禅，尤其是那些可以融入日常生活的冥想，需要有更快的速度。但是这往往不利于我们专注于身体感觉或呼吸，因为我们的行动太快了。然而，我们还是可以在走路时通过改变注意力来缓解压力的。具体来说，我们可以采用一个重复的心理短语，并让它与我们的步伐同步。改变精神焦点有助于我们减少沉思状态中的分心，也有助于我们加强对注意力的控制。此外，我们正在练习的正是冥想的一种基本形式——尽管很快——有研究发现这与减轻压力有关。那么以下就是一些“快步行禅”的练习指导：

1. 提前确定要于何时何地练习。建议先进行至少 5 分钟的散步，这样就可以进入最佳状态了。

2. 关掉电子设备。你可以一直戴着耳机，但要关掉音乐。同样，也可以戴上蓝牙耳机，但要关闭电源。在走路的时候应该能听到和看到在你周围的事物。

3. 挑选一个简单、中性的短语，在心里反复默念。当你念到末尾时，从头再念一遍。我建议选择一个相对温和或描述性的短语。例如，你可以在心里默数“一 二，一 二，一 二”或者“我正在走路”。也可以尝试从迈出第一步开始计算步数，你的最后一个数字会随着距目的地越来越近而有所变化。

4. 开始步行，并且要把每一步所发出的连续音节收入脑海。例如，你可能会想“我（踏），正（踏），在（踏），走（踏），路（踏）”，或“一（踏），二（踏），一（踏），二（踏）”，等等。

5. 保持向前看，同时也要保持对周围环境的感知。你可能会观察到一个有趣的现象，即你既可以专注于一些非自然的东西（例如，行禅短语），也可以同时保持对周围环境的反应性意识。

6. 当不得不停下时，例如在十字路口或红灯处，把注意力放到呼吸上。注意空气进入鼻孔的感觉，或胸部和腹部的起伏。一旦能继续行走了，就恢复你的行禅短语。

7. 当你到达目的地后，回顾一下这次快步行禅的体验。这和你平时在城市里走路有什么不同吗？如果是，有什么不同？下一次你会做哪些相同和不同的事？

正念快餐

城市生活的一个独特方面就是，出售各种食品的街头小贩无处不在。不管在哪里，我们总能迅速弄到吃的。我们甚至不必费力地拉开餐厅大门，手推车和餐吧车上就有各式各样的食物可供选择。事实上，如果从烹饪的角度来看，你几乎已经环游世界了。以下是一些选择：日式照烧（日本）、猪肉包子（中国）、“脏水热狗”（美国纽约）、卷饼（墨西哥）、饭团（意大利）、玉米饼（委内瑞拉）、水果薄饼（比利时）和沙瓦玛（中东地区）。听起来很不错吧？

品种如此丰富诱人，食物也相当美味。遗憾的是，我们通常不会花时间去品尝它们真正的味道。环境和我们自己的行动——无论是走是停——都让我们很难集中注意力在味道上。当我们在人行道上躲车时，怎么能品尝到芥末椒盐卷饼的辛辣和咸香呢？此外，一些外卖食物本身就像大杂烩，让我们只顾着狼吞虎咽。所以下次你打算从街头小贩那里买食物，就花点时间享受一下食物的味道。你已决定品尝这种美味并付了钱，不妨好好尝一尝！这里有几个小提示：

1. 注意自己是如何吃掉它的。你是在狼吞虎咽，还是在品尝它？如果吃得很快，回想一下吃之前的评判或感知。你是把注意力集中在进食的体验上，还是在想其他事情？当你想到要放慢速度时，你产生了什么想法和情绪？

2. 走一步，咀嚼一次，让你的步伐与咀嚼同步。这个练习可以帮助你更加留意口腔中产生的味道。

3. 每走二十步咬一口食物，这将帮助你吃得更慢，也能让你更加专注于食物的味道。

4. 每走过一条街咬一口食物。在咽下去之前，要用走过这条街的所有时间咀嚼和品味这口食物。注意产生的吞咽冲动和想要快点再咬一口的欲望。

5. 带着觉知去舔食或吸吮有汤汁的部分。如果你的沙拉三明治中的芝麻酱流了出来，小心地从底部吸酱汁，而不是从顶部更快地把它吃掉。这可能不是最卫生的行为，但记住，是你选择在路上吃东西的。

6. 找个地方坐下来吃一会儿。虽然你买的是即食快餐，但也不用一直边走边吃。花几分钟坐下来享用它。你可能也会注意到眼前的城市风光。

7. 练习正念进食（你需要停下脚步做这件事）。在吃每一口前，先闻闻食物的香味。你发现了什么？有什么特别的香料吗？咬下去的时候，注意你的口腔是如何对食物做出反应的。你发现唾液增多了吗？舌头卷曲了吗？当你慢慢咀嚼时，在口腔中移动食物。看看根据食物在舌头上的位置，味道是否有轻微不同？留意你在真正吞咽之前所产生的冲动。这一刻发生了什么？在你吃完并吞下这一口之前，准备再吃一口吗？每吃下一口后，看看你要花多长时间才能在体内感觉到那一口食物。你能感觉到它滑入喉咙吗？你能感觉到它进入肚子了吗？你能感觉到自己好像重了一点吗？

对无家可归者的觉知

在城市里，我们几乎每天都会遇到无家可归的人。他们用语言或写有文字的标识，向我们讲述他们悲伤的故事，并寻求食物、住所或交通工具的捐赠。哪怕“只有一分钱”，他们也愿意，好让自己早点达到目标。我们通常会把目光移开，忽然拿起书本或手机，又或许，用手掏掏口袋找些零钱。所有费力的动作都是为了尽量减轻对此情此景的不适感，好让我们尽快走开。近距离看别人受苦实在是太让人难受了。

无家可归的人也会自动引发我们很多评判。有些人会为他们感到难过。有些人会假定他们是做过错事的人。其他人则会认为这些人是疯子或精神不稳定。一些人会责备他们的处境，并大喊：“找份工作吧！”一些人则指责社会错置的优先权和不合理的资源配置，认为无家可归者是社会的受害者。根据不同的反应，我们可能会感到同情、冷漠、内疚、慷慨或害怕。然而，就在这一刻，所有这些评估都是不正确的，因为它们都是基于先入为主的观念，而不是与无家可归者的实际接触。

我不是建议你跑去和遇到的每个无家可归的人交谈。你拒绝这么做是有道理的。然而，那一刻的相遇仍然可以变成一堂强大的正念课。你能够意识到自己对那个人的想法，而不被这些想法带着走吗？即使面对非常考验人的情景，你能就只是简单地觉察吗？有没有方法可以让我们不带预判地看待他们，或与无家可归的人相处？这样做的目的是处理不适感，并学会欣赏生命所固有的短暂本质。观察无家可归的人，可以传递给我们许多信息。

事实上，许多精神传统赞成对他人心存悲悯和彼此支持。《圣经》中充满了“爱你的邻居”这样的话语。佛教鼓励对他人仁爱。犹太教谈到过施舍救济和按照宗教戒律生活等义务。出于对传统智慧的尊重，以及对更高觉知的渴望，我们是否愿意在与无家可归者相关的体验中练习正念呢？这里有一些方法来处理这些情况：

· 向无家可归者送出保护和健康的祝福。在心里默默祝愿他找到一个快乐、健康、完善的方法。

· 只要你身边有无家可归的人，试试看你能否观想，在呼吸时，吸入他的痛苦，然后呼出你的悲悯和仁慈。这个方法，能够处理我们想要推开痛苦经历的倾向。你也可以想象自己在承受着对方的艰难沉重或罪恶感，同时送出轻松、明亮的光。

· 如果这个无家可归者要求得到金钱或其他东西，你能带着觉知去考虑是否给予吗？你的判断性思维对这个决定做何反应？你觉得自己像个帮手、容易受骗上当的笨蛋，还是个没有同情心的粗人？无论你的回答是什么，注意你会如何想到自己和无家可归者。

- 想一想情况如果反过来，你会有什么感觉：如果你是那个没有家、没有钱、没有其他资源的人呢？如果是你在乞讨钱财，你有什么感觉？你希望路人怎样对待你？

- 如果情况安全，看看你是否有勇气直接和无家可归者交谈。询问对方的情况以及对你提出任何要求的原因。当你和这个人打交道时，你的头脑中产生了什么判断？他的故事听起来是令人信服的，还是花言巧语、不真实的？这个人想要或需要什么？鉴于你的资源和对这个人的判断，你愿意做些什么？

地铁冥想

作为都市人，我们经常会花很多时间乘坐公共交通。地铁、公共汽车、无轨电车和火车都能把我们送到目的地。更多时候，我们会在途中沉浸在分散注意力的事情中，如读书、听音乐、玩电子游戏，还可以收发电子邮件和短信。然而，我们其实可以利用这段时间练习冥想，而不是开小差。

虽然这并非安静、放松的理想氛围，但我们确实可以尝试在乘坐公共交通工具时冥想。这里的关键是把注意力转移到身体正在发生的事情上。我们可以关注呼吸或思想，但通常，我建议人们在向前移动的过程中注意自己身体的感觉。例如，如果你站在地铁里，你的脚底很可能会感受到列车低沉的隆隆声和各种肌肉群的紧张感，因为你在试图保持平衡。把注意力放在这种体验上，最终会帮助你把正念整合到每日通勤中。

在为这种冥想提供指导前，让我先提醒一下：时刻注意自身的安全和周围的环境。特别是在容易发生暴力和犯罪的地区，必须提高警惕，确保自己的安全。所以，当你在地铁上冥想时，一定要确保没有危险。如果有任何人看起来可疑、有威胁或状态不稳定，那么最好不做这个冥想，而是要把注意力放在你的个人安全上。虽然在公共交通工具上冥想的方式有很多，而且取决于你是站立着还是坐着，但它们都有共同点：

1. 一定要睁开眼睛冥想。轻轻地把目光移到你面前的事物上。也许可以看着地上或墙上的某个点，而不是特定的某个人。否则你可能会被粗鲁地打断："你在看什么？"

2. 关掉音乐播放器，但可以考虑一直戴着耳机，以减少被打扰的可能。

3. 把注意力集中在身体感觉上。要么保持对身体某个部位（比如双脚）的觉察，要么系统地扫描身体，从脚开始，一直扫描到头部。

4. 每当列车停下，花点时间看看这是不是你要去的站。虽然它会打断你的冥想流程，但每一次停顿都是一个温柔的提醒，让你把注意力放回身体上。它帮助你捕捉到自己思想的游移。

· 当你站着冥想时，保持平衡很重要，所以最好双脚分开与肩同宽地站立。如果可能的话，试着把脚放在与列车中线呈45度角的位置。肩膀向后翻，抬下巴，让头部保持端正。意识专注在因地铁或公交车运行所引起的任何身体感受上。尤其注意脚和腿部肌肉绷紧和放松的方式，以帮助你保持平衡。当车加速和刹车时，你也会注意到身体重心的偏移。

· 当你坐着冥想时，试着把注意力放在呼吸或身体上。如果你专注于呼吸，只需注意吸气和呼气时的轻柔节奏。你可以选择关注空气进出鼻孔的感觉，或是胸和腹部的起伏。如果地铁里有难闻的味道，试着微微张开嘴巴呼吸，并把注意力放在呼吸上，在此过程中确保下巴放松。如果你把注意力集中在身体上，只需觉察你的身体在移动时发生的颠簸，以及你的不同肌肉群在车运行时所做出的收紧反应。

根据你通勤的时长，自行决定要花多少时间做冥想。一旦到达目的地，小心地离开，并祝贺自己又花了一点时间将正念融入自己的一天。

禅心，游客心

你一定在大街上见过这些人。他们走得很慢，睁大眼睛，讲话大嗓门，还毫不掩饰地掏着腰包。当然，我说的就是城市中存在的困扰：游客。由于对周围环境不熟悉，游客们花了相当长时间了解这座城市的细节。当然，他们挡了我们的路，还在地铁里放肆地笑，并做着眼神交流。这种公然无视城市规则的行为使他们遭到蔑视，然而，这些人可能比我们这些当地人更了解正在发生着什么！

在日常生活中，我们很快就基于一贯的工作日程、通勤、每周的家务、预先安排的活动，制定出一套常规。我们坐同一班地铁，去同一个工作场所，见一样的同事，去同一家杂货店。我们还去同一个公园、剧院、酒吧和俱乐部。当生活变得可预测后，练习正念就变得更加困难。我们已经习惯了周围的环境，于是，对它们的关注就越来越少。研究表明，相对于熟悉的事物，我们更倾向于欣赏新奇的事物。今天乘坐的公交车和昨天乘坐的那辆几乎一模一样，因此它们很少会受到额外的关注或思考。

特别是，我们在去往一个熟悉的目的地途中，往往会走神儿。

我们时常陷入沉思，离家前发生的事情还在脑海中挥之不去，又或者，我们会设想抵达之后会有什么在迎接我们呢。有时，我们也会有意地通过阅读、听音乐或发短信来分散自己的注意力，或者加入与朋友、同伴或乘客的热烈交谈中。在所有这些情况下，我们都不会注意到在这个行程中，周围发生了什么。

也许是时候在自己的城市里表现得像个新来者了。我并不是建议你去核查当地所有的旅行陷阱（注意你的评判），而是建议你就像第一次来到这里一样，开始看见和体验这里的都市生活。这里有一些激发这种新鲜视角的建议：

- 携带相机，随时拍摄家庭和工作场所周围的区域。通过每天拍几张照片（哪怕一张），你会开始以一种不同的视角看待这个世界。观察你周围的事物是否有趣和上镜。你会开始注意到形状、图案和一天当中光线的相互作用，所有这些都是摄影的基本元素，有助于你提高对环境的觉知。

- 抬头向上看。你周围的许多房子的建筑细节都很有趣。如果你只顾着看前面，或低头不停地看手机，就会错过这些细节。当你在城市中游历时，看看自己能否意识到建筑风格的相似性。

- 留意游客们对什么感兴趣。你也许会发现有些人被某个纪念碑或某些景点吸引住了。你对他们所喜欢或感到兴奋的事物有什么判断？不屑一顾或有些挑剔吗？你真的感受过他们觉得有意思的事情吗？试着从玩世不恭的态度中后退一步，看看这些迷人的事物有什么引人入胜的地方。

- 笑。人们在旅行时通常会玩得很开心，所以他们很容易微笑和大笑。你自己也要微笑，也许可以让城市里的游客们给你些推动。

- 如果有游客迷路了或需要指引，主动帮助他。通过这友好的帮助，你不仅可以担当一回城市亲善大使，还有可能让自己感到很快乐。

- 对那些在陌生地方感到吃力或违反了城市不成文规则的游客，练习你的耐心，并学会接纳。你可能被卡在一个想尽办法弄懂如何操作自动售票机或自动取款机的人后面。或者，有人做出了在你的社区不可能做的事，比如在大街上吐痰或走反了人行道。不管是什么样的冒犯举动，都把觉知带到你的恼怒上。如有必要，若你认为这种反感的行为严重到需要纠正的话，谨慎地提供一些建议。

通过这些简单的练习，重建关于城市的感知，同时也开始注意自己的挑剔与评判。通过练习，我们才能确保自己维持在正轨上。当然，如果真的想体验一个游客的视角，最有效的方式当然是：去旅行！

通向内心世界的窗口

正念的一个基本特性是，当时间一刻一刻地展开，我们能够觉知到当下正在发生的事。生活和我们周围的环境时刻都在变化或动荡。例如，当你走在街上时，吹到皮肤上的微风也在不断变化。我们自身体验的动态甚至更微妙。你开始读这句话时的想法、感觉和行为，与你读到末尾时的想法、感觉和行为甚至都不一样。比如，你的眼睛就聚焦在这一页的不同部分。变化也发生在我们的一般感官所无法觉察的领域。科学家们注意到，我们的身体也在原子和分子水平上不断变化。例如，在皮肤、内脏和大脑中，旧细胞死亡并被新细胞所取代。

冥想为我们提供了一种方法，通过专注于身体状态的变化，从而对变化有所觉知。我们觉察自己东拉西扯的思维，腿部的刺痛，周期性发作的瘙痒（如果不是前额叶皮层神经元生长的话）。通过练习我们可以领会，冥想是如何为这些内在波动提供观察点的。多年以来，我用各种隐喻来描述这种观察过程，比如从层层叠叠、淹没了心灵的思维瀑布里走出来，或者，在站台上看着思想的列车驶过。虽然这些例子为理解这个过程提供了有趣的角度，但你也可以直接接受它们字面的意思，从而以一种感官方式来欣赏周围事物短暂、动态、瞬息万变的本质。现在，我不是建议你跑去站在瀑布底下，其实，你完全可以站立不动，同时观察，觉知你从感官处所接收的正在变化着的信息。如果你正坐在一个拥挤的咖啡馆里，你可以留意听到的各种声音，比如音乐声、谈话声、蒸汽爆发声、盘子叮当作响声等。当你走到街角，可以停下来看看有什么东西进出你的视野，也许有行人、汽车和流云。

举个更具体的例子，有一个让我们既能注意到变化，又能与此保持一定距离的方法就是——望向窗外。这样做的时候，我们看到眼前正在展开的场景，又不直接参与体验。如果你想尝试这个练习，以下有一些建议：

1. 选择一个可以望向窗外几分钟的地方。可以是餐馆、商店，甚至是公交车上的一个窗口。

2. 把注意力集中在窗外正在发生的事情上。

3. 选择一个特定的参考点或对象，然后把注意力拉近几十厘米。不要把注意力集中在那一点上，而是试着在视野中留意正在运动的事物。在这种意识分散的状态下，事情可能看起来或感觉起来有点茫然。

4. 留意你都观察到了哪些运动和变化。看看这些事物是如何来来往往、结束又开始的。例如，你可能会注意到有人进出你的视野，或者树叶随风飘动。即使在你的意识中出现了非常强烈的事，例如疾驰的车或一阵强风，也都会很快就消失。

5. 花几分钟做这个练习，就只是呼吸和观察。放松脸和下巴，让肌肉松弛下来。

6. 当你结束这个练习时，想一想自己观察到了什么。这个过程与你的内在经验有什么相似性吗？

随时，随地

耐心是——嘿，我的公交车在哪儿?

生活中，我们需要花上很多时间等待。早上，我们可能会等着烤好吐司或沏好茶。中午，我们可能会等一些复印件打印出来。晚上，我们也许又要等公交车或出租车。有时，等待的时间可能比我们将要参与的事件的时间还长。比如，在结账之前，我们要在超市里排队等待 15 分钟。这通常都会让人感到不耐烦。我们会尽量分散自己的注意力，一边等待一边焦急地思考为什么要等这么长时间。如此一来，我们就拒绝去体会当下发生的事情。我们对环境的感知越来越少，对不能接受之事的评判越来越多，并力争让事情变成别的样子，而不去接受它的本来面貌。因为事情不是我们所希望的样子，我们于是产生消极反应。其实，我们是对的：面包还没烤好，复印尚未完成，公交车毫无影踪。

等待，当然是随时随地，在做任何事情的间隙都可能发生。某种程度上，这是相对的。你可能在等女儿快点上大学，尽管她刚刚开始上高中。或者由于你十分饥饿，就会在等待食物的时候格外急躁。重点是，在我们等待的期间，要如何处理自己的行为和态度。

通常情况下，我们会在等待时看书、查收邮件或是听音乐来分散自己的注意力，而不是接受自己本然的状态。其实，等候室里通常也会提供娱乐来吸引我们的注意力，比如杂志或电视，大概是让我们不要去思考是不是办公节奏落后了。有时，我们可能会用这些时间做冥想或正念练习，但更多时候我们还是走神儿了。其实分心也不一定是坏事情。事实上，它也许是应对长期疼痛或苦恼的有效策略。区别主要在于你对此刻发生的事情的态度。你是否讨厌等待，迫不及待想继续行动，尽管努力地专心看书，还是感觉糟糕？抑或是全身心地接受你现在的等待，同时把你的注意力转移到一本有趣的小说上？

等待是存在的现实，我们别无选择，但在这些时刻也可以找到应对的方法。当事情按所期望的方式发展，却还没有完全实现目标的时候，什么态度是最健康最有效的呢？就目前而言，我们是关注在未来所期望拥有的东西上，还是同样地，反复思索过去呢？

在人生的大部分时间里，事情都是在该发生的时候发生的。公交车来了就来了，而不是在“应该”到的时候。汤是暖的就是暖的，取决于它被加热了多长时间。我们通常可以做一些事来影响这个过程，比如改坐不同的公交路线（或写投诉信到交通运输部门），或购买更大功率的微波炉，但即使是这样，我们还是得等待——在对其他体验的渴望中，等待。

- 注意你的身体是如何应对等待的。你会一直在街上寻找公交车吗？你会不停地按电梯的“关门”键吗？每当拒绝等待的冲动浮现时，看看你能否将注意力转移到采取行动之前的那一刻。抵制这种冲动，坚持把注意力放在不采取行动的体验上，这个感觉如何？

- 等待的时候，把注意力放在呼吸上。观察每次吸与呼进入和离开你的身体。把这种时间当作宝贵的正念练习机会，把觉知融入日常生活中。

- 注意你的面部表情。你有怎样的表情？额头或下颚是否感到有压力或紧张？看看如果你带上微笑，用开放的态度，能否改变你和当下等待的关系？

嘿，那是我的！

都市人在努力满足日常生活的需求时，非常容易产生竞争意识。我们倾向于去怀疑别人会拿走我们需要的东西，比如地铁座位或街对面的停车位。在某些地区，人们会在自家门口放置垃圾箱来占据停车位。不过，你占了这个停车位，就要冒着车被损坏的风险，最起码也会招致他人的愤怒。

也许是城市生活的拥挤或是别人在排队时抢在我们前面的经验的累积，促使我们对本不属于自己的东西产生很强的占有欲和防卫心。最近，在一家超市里，我挑选了西兰花放进购物车，立刻就有人冲我嚷嚷"嘿,那是我的！"。尽管她在过道的另一侧，但她认为有这个权利，因为她的眼睛比我的手先看到西兰花。

生物学家和经济学家认为，这种竞争意识往往体现出我们对稀缺资源的渴望。这并不奇怪，我们也往往认为稀缺资源优于供应丰富的资源。这与供求关系的基本原理是一致的：有限的供应加上较高的需求，就意味着可以设定更高的价格。换句话说，你最喜爱的城市艺术博物馆前的停车位，比在郊区购物中心的停车位更有价值。

这种占有欲或竞争力为我们带来了什么？当然，我们可能会成功获得想要的东西，但这种心态让我们感到有压力和有所防御，还很可能导致愤怒和冲突。我看到过许多关于出租车的争执。比如，当人们打车时，行驶过来的这辆车属于谁呢？它属于先看到的人，还是最接近它的人，或等待最久的人？当然，正确答案永远是："这是我的！"

正念可以作为一块试金石，用来现实地评估我们的判断，抑制过度的情绪反应。意识到为什么会认为某些东西属于自己，就可以从中看到隐含的假设，虽然还不是特别清晰。当我主动递给她想要的蔬菜时，超市里的那位西兰花小姐变得非常尴尬，尤其当我们同时意识到超市货架上还有很多的时候。甚至当我们的判断是正确的时候——可能只剩一颗西兰花了——觉知也能帮助我们减少愤怒，发现合理的解决方案。这个女人可能会因为西兰花和我争论，或是她让给了我，然后考虑买别的蔬菜。通过远离情绪反应，她至少会感觉好一些，即使最后改用菜花做晚餐。

所以，下一次当你告诉自己（或别人），公共空间的某个物品应属于你时，想想这里的一些提示：

1. 注意自己产生的情绪，如身体里出现的愤怒、紧张或恐惧。

2. 问问自己："为什么是我的？"或"它属于谁？"

3. 与你面对的竞争者聊一聊你们共同的困难（也就是说，你们在同一时间想要相同的东西）。也许你们两个都能利用这个机会（例如，共享出租车），或是一起决定谁该享有它（例如，让开会迟到的人坐出租车）。当讨论过解决方案后，你可能没得到想要的东西或“应得的”东西，但这个过程会大大减少紧张感。

4. 不管你的竞争者如何表现，请祝福他。你放弃了需要的东西，也许需要某种其他方式弥补，但你换取了平和的心态和更少的压力，也会因自己的善举而感觉更好。

拥堵、沮丧和恼怒

生活和工作在城市中意味着要在人群和拥堵中耗费大量时间。在上下班高峰期，你可能被困在公交车中或被困在你的车里，也可能在剧场、体育场馆或地铁站被成群结队的人包围。这种情况下，你当然会面临和一群陌生人脸对脸、肘碰肘、背靠背，甚至肚子对肚子的情况。所以，你感到沮丧。

研究表明，拥挤的环境中存在着固有压力。把许多老鼠关进笼子，它们会生病。把太多猴子关在一起，它们就会开始打架。毫不奇怪，当人类在拥堵环境中，应激反应也会被激活。释放的应激激素会产生广为人知的攻击、逃离或冻结反应。你可能已经意识到，在这种紧张的情况下，你的身体准备逃跑或攻击某人，或是完全不动。一系列生理变化促进了这些反应：为了更好地供氧，心脏跳动频率和呼吸频率会增加；你开始出汗，以冷却你的身体，并且使皮肤变滑（因此不容易被捕食者抓住）；血液涌入主要肌肉群来促进行动。虽然这些有助于你在危及生命的情况中生存下来，但当你站在拥挤的地铁车厢里时，这些奇妙的适应性反应就没那么有用了。你并不需要撬门或逃生，也不（希望）需要与身边的人展开战斗。你会做什么？总的来说，什么都不做。有什么方法来改变这种情况吗？没有，你被困住了，无处可逃。这会让人沉重与紧张。但你也没有必要堆积大量的评判性的想法和态度来加重这些压力。

通常，在这样的情况下，你会反思周围发生的事情，你不太可能想得太积极。各种消极思想充斥着心灵，让糟糕的情况变得更糟："太热了，走开！""你在推我吗？""不该这么拥挤，我不能再这样继续下去了！"不幸的是，所有这些想法为不满的情况又增添了痛苦。

"那么，正念可以提供什么帮助呢？"你会问，"为什么我还要更加清晰地意识到情况有多悲惨呢？"你不会这么做。然而，正念不仅是觉察，也包括接受、好奇与不评判。虽然你不能做任何事情，但仍有几种不同的方法来体验这种糟糕的情况：

1. 观察你的念头。你是怎么看待这种情况的？你如何看待自己及周围的人？有这些想法让你感觉更好还是更糟？

2. 看看你是如何把过去及未来强加于当下的。你的想法是否和现在没有发生的事情有关？你是否告诉自己要迟到了？你可能会想起以前在同样情况下有过的恐慌感觉。而现在的境况中，可怕的事情还没有发生，不是吗？

3. 现在要问自己是否愿意练习接受当下。你感到苦恼并且不想陷入这种情境。如果你放弃了改变现状的愿望，会发生什么呢？如果全然接受当下，又会发生什么事呢？

4. 让自己思考那些周围和你有同样境况的人。他们是否有比你更好的体验呢？最有可能的是，他们与你一样在受苦。有时，知道你并不孤单，会让自己感到安慰。

5. 最后，介绍一个看待周围人的新视角。除了当下这一刻，看看你是否能找出一些你和他们可能有的共同之处。

快一点，慢一点

城市生活节奏快且充满活力。人和事都迅速向前发展。出租车和骑自行车的人在街上穿梭，人们步子轻快地走着。在你进入百吉饼店换零钱的两分钟间隙，警察就会给你的车贴上罚单（然后消失）。城市生活的节奏就是快，这是真的！

在快节奏的环境中工作和生活，我们自己也会加速。我们快速交谈，快速赶路，快速开车，快速思考。不幸的是，更快的速度却导致消极的后果。就像这句格言“欲速则不达”一样，研究表明，速度的增加和时间的压力导致我们更容易犯错。然而，尽管有这些明显的缺陷，我们还是继续追赶。

人们的期待也最终配合了这匆匆的生活方式。我们希望在挂上电话前，中国菜就上桌。在交谈中，我们希望别人快速抓到重点。而在人行道上，我们希望别人的行走速度和自己一样快，否则就给我让开！

当事情和他人没有按照我们想要或期望的速度发展时，我们会感到沮丧和恼火。有时，烦恼容易变成义愤填膺：“咖啡让我等这么久是什么意思？你们是咖啡店，应该随时都准备好咖啡！”

更多时候，生活不像我们想象的那样迅速。我们不可避免地要等待我们想马上拥有的事物。比如在餐馆里，服务员不会立即上菜，虽然我们真的、真的饿了，餐馆还是需要时间来准备。

当你在压力驱使下迅速采取行动，或要立即做什么事情时，花点时间来做相反的事：放慢节奏。

- 停下来，做几次深呼吸。这样做的时候，你可能会注意到你的身体想通过上下跳动，来回踱步或浅呼吸来反映出你有多焦躁或沮丧。觉察头脑中的想法，是否让你觉得熟悉？它们是否在拒绝这种缓慢？

- 探索如何欣赏慢节奏。买一棵仙人掌，看着它长大。从无到有地做顿饭。和乌龟赛跑。

- 问问自己，我可以做些什么来加快这一进程吗？如果答案是否定的，那就接受。

- 研究“缓慢进餐”（www.slowfood.com），这是一个拥有逾十万名会员的全球性组织，致力于帮助人们通过品尝新鲜的、当地的、应季的食物来欣赏慢生活的好处。

- 看看你所在的城市中是否有“慢行动小组”。就像前面提到的，这些组织同样倡导在生活的各个方面缓慢一点行动，比如上下班和社交。伦敦有一个不断壮大的慢行动组织，人们致力“生活在真正的时间里”（slowdownlondon.co.uk），也许你可以加入一个本地组织，或在自己所在的城市创建一个。

孤独是可以改变的

如果你曾徒步在乡下或森林里，你肯定会有这样的想法："方圆几里都没有人！"我们在广袤的地方几乎看不到他人的踪迹。但在城市里可不是这样！人们围绕着我们，在高层公寓和办公楼里工作和生活，就意味着位于彼此的上上下下。

尽管被这么多人包围，也一直有机会和他们联系，但我们还是抱怨孤独。通常，人们不会主动上前与我们交谈，我们也不与他们交谈。越来越多地使用先进的通信设备让情况变得更糟，这些设备通过屏蔽我们的电话或让我们对在线朋友"隐身"，将我们与他人隔离开来。

让我们做一个小小的思维实验。假设我让你下次排队时和身边的人搭讪，你会如何反应？脑中出现了什么念头？你会想要说什么，或对方会如何回应？你会想，这真是太奇怪了！在情感上，你会对这个想法感到兴奋、害怕、恐惧、紧张，或是想要忽略这个提议。观察当你被要求做出舒适区以外的行为时，你此刻的反应。

有时人们会想："我该说些什么？"在这种情况下，正念可以提供帮助，因为它提供了一个机会来讨论你们当前的共同经历。当然，你（还有其他人）要参与了才能进行讨论。在微笑、问好过后，就可以提问或是给出反馈了：

- “朋友，排队太慢了，是吧？”
- “你要去看哪部电影？”
- “这是我第一次来这个熟食店。你来过吗？有什么推荐的吗？”
- “这件衬衫很不错。”
- “今天感觉很冷。”

进行接触后，你需要意识到自己无法控制别人做出什么反应。他可能友好地投入，或是粗鲁回应或不屑一顾。但如果不尝试你就不会知道。潜在的奖励是，你可能会有一次愉快的对话，交到新朋友，当然也可能遭到拒绝。如果你不尝试，就会一直感到孤独。最坏的情况是，在交谈之前你感觉孤单，然后，这个陌生人断然拒绝你，你仍然感到孤单。最好的情况是，你找到了生命中的挚爱，或交到新朋友。想想看，难道不值得冒这个险吗？

正念信息

在 20 世纪，人们经常通过写信交流，尤其是手写。这需要花时间和精力来组织想法，并找到有效、体贴的表达方式。于是人们很快发展出了书信礼仪和格式，来改善交流规则。例如，在 1922 年的礼仪指南中，艾米莉邮政指出，与朋友、家人、恋人的通信必须手写。写信是种深思熟虑的活动，为了良好的沟通，你得挑选词汇避免误会，节约墨水和纸张。一封信不仅需要书写，还要装入信封，邮寄出去，整个过程非常耗时。

在今天，这个过程显得低效而陈旧，最好的评价也不过是古朴。过去几年中，通信的可行性和效率已经迅速发展。科技让我们更加简单和快速地沟通。有趣的是，许多技术并不涉及与他人交谈，而是用发短信或社交网站的方式沟通，比如在脸书、聚友和推特上更新状态。由于不与他人交谈——不论是面对面交谈还是通电话——我们就会失去对微妙细节和情感含义的辨识。试想，在你去看病之前匆忙和朋友吃了一顿饭，接着，你收到短信“GR8 2 C U.”。这是在表达发自内心的感谢呢，还是消极的批评呢？这么简单的文本让我们很难判断。有趣的是，使用表情符号和以标点符号作为面部表情，可以弥补短信中情感缺乏清晰度的不足。

无论是缺乏面对面接触，信息有歧义，还是信息交流的迅速性，都会引发问题，因为我们容易通过短信或电子邮件做出更情绪化的反应。特别是收件人感觉（理直气壮）被攻击时，就会在回复时变得有戒心和攻击性。结果，不便、烦恼或误解，迅速升级为全面战斗，威胁到朋友或伴侣之间的承诺。在工作中，它会阻断彼此的建设性合作。至少，在愤怒或压力下发短信更容易引发问题，而不是解决问题。

很多人在路上也发送短信或电子邮件。司机注意自己的手机而不是道路上发生的事情，结果导致交通事故频频发生。行人也有类似情况：低头专注地回消息，却不知道在往哪儿走。

显然，鉴于这些考虑，我们需要更加留意如何使用新技术沟通。下面是涵盖了多种情况的建议：

- 当你收到一条短信，尤其是导致愤怒或悲伤的信息时，花几分钟深呼吸，稍后再回复。先调整呼吸让身体适应。观察头脑里对这条信息做出的判断。试着从其他角度理解这条消息。假设换成一位陌生人接收这条信息，是否也会觉得被攻击或批评了呢？

- 当你写完一条短信后，尤其是让你愤怒或有压力的短信，花几分钟深呼吸。阅读这条短信，想象自己收到后会有什么感觉。你会感觉高兴、愤怒、被攻击还是被忽视？你是否想让收信人有这些感觉？如果不是，换种情绪重写信息。

- 在现在，记住过去并考虑将来。身边的人随时都可以看到我们的消息，尤其是在社交网站和博客上发布的。所以当下，你若准备在自己的主页上发牢骚抱怨工作，最好记住，老板也有你的链接。此外，众所周知，互联网具有长期记忆或“尾巴”。人们可以看到你几年来发布的信息。事实上，很多雇主定期搜索应聘者的名字，以便更多地了解他们。你可以这样想：你觉得未来的朋友、合作伙伴和雇主看到你写的内容，会感到舒服吗？

- 安静下来写消息。坐下来写信息、发邮件真的那么耗时吗？这基本是源自禅宗的教导，请你这样想：走路时，就只是走路；写字时，就只是写字。最起码，不要同时走路和写字！

- 向你的人际网络中的人广泛地付出爱、善意与支持。有时，我们的短信或微博都过于关注自己。让所有朋友都知道你午饭吃了什么真的很重要吗？如果这些人际关系对你来说很重要，发布一首鼓舞人心的音乐或一条振奋人心的信息可能更合适。随着时间推移，你会意识到一直以来你实际在传递什么，以及它在多大程度上反映了自我驱向，而不是对你生活中重要之人的关心。

觉察紧急情况！

城市生活可能很吵闹。交通、夜总会、建筑工程带来相当嘈杂的景象。事实上，噪声污染作为一个重大问题，在过去几十年里已经深入人心。研究表明，噪声是人们对邻居最不满意的部分，也是人们搬家的重要原因之一。意识到这个问题后，一些城市，像巴黎和旧金山，甚至都制作了噪声“地图”来描述一天中不同时间不同地区的平均分贝水平。

救护车、消防车和警车的笛声是最令人不安的城市噪声之一。警报器声音大约 120 分贝，和喷气式飞机起飞时发动机发出的声音一样大。通常情况下，当我们听到警笛声时，我们会做以下四件事之一：捂住耳朵；打开电视、音响、音乐播放器；大声说话；强忍着等声音过去。其中的三种举动实际上导致了更严重的听力损伤，同时也形成对当下的拒绝。你能分辨是哪三种吗？而健康、带着正念的行为是简单地捂住耳朵。这反映了我们对痛苦的意识，相对于我们必须接受的情况（也就是说，我们不能关掉警笛），这是一种适当的行动。有些人会认为，忍耐就代表了觉察和接纳。虽然它表示我们识别了噪声并暂停了自己的行动，但它也拒绝了我们非常自然、正常的反应（捂住耳朵）。通常，我们会判断或预想，思考这个行为是否“懦弱”，或噪声可能不会持续很长时间。但这些态度都没有接受你耳朵里响起噪声的痛苦现实，从而采取保护行动——当然，你捂住耳朵的时候动作要尽量缓和、不带恶意。不要咒骂警笛，或告诉自己你受不了！

除了通过捂住耳朵来保护听力，我们还可以使用警笛声来提醒自己练习正念。最有可能的是，我们一直在做某些事，却与环境相隔着。或者，我们的行为非常无意识。所以，警笛可以成为开始练习正念的警铃。下面有一些策略：

- 只要你听到警笛声，就关注自己的呼吸。注意在整个警笛响起的过程中呼吸的进出。让你的意识回到呼吸上，就像这是一个真正的紧急情况。

- 给救援人员和需要帮助的人关爱与祝福。警笛声响起说明有人陷入困境。与其希望警笛声停止，为什么不给需要的人更多祝福呢？更大一点的愿望就是希望所有参与的人都可以平安健康。

- 用心觉察警笛声在音调和音量上的变化。随着警笛声逐渐变小，持续觉察它的起始音。冥想中心经常用铃铛声或铜钹声提醒人们回到当下。虽然警笛声没有那么轻柔悦耳，但我们也可以用类似的方式使用它。

- 观察自己对警笛声的反应和评价。你是否会对这么大的声音感到愤怒呢？在等待这一切过去的时候，你是否感到紧张和有压力呢？当违规的汽车造成交通堵塞时，你会不会咒骂它破坏了你的生活呢？不管产生什么想法和感觉，只是觉察你对当下糟糕体验的反应。

所有这些策略都可以帮助我们用稍稍不同的方式体验嘈杂的环境。我们可以把吵闹声当作练习正念的机会，而不是拒绝它的干扰。我们时不时都需要这样的提醒，也许我们甚至可以为此心存感激。它确实给了我们机会，让我们比平时做得更好，更有觉察，不是吗？

觉察多样化

城市聚集的人群会让我们有很多机会遇见各种族裔。事实上，很多城市都有以特定族裔为主的街区。纽约的哈林区是由非洲裔美国人治理的。洛杉矶东部主要居住的是拉丁裔美国人。南波士顿有很多爱尔兰裔美国人。还有很多城市，比如旧金山、多伦多、温哥华、华盛顿，都有唐人街，这里是中国和越南移民的家。因此，当我们在城市旅行时，每天都会接触许多和我们长相不同的人。

当我们发现种族或民族的差异后，我们往往会留意这些差异。有时，我们会对某些群体持负面态度，甚至嘲笑他们。有时，我们会美化或赞美这些差异。这些情况下，我们的观点通常是基于刻板印象或对他人的期待。如此一来，我们和别人的交往就有预先的判断。然而，判断是基于个人过去的经验，而非当下与对方的交流。进一步说，人们的认知倾向偏见意味着，我们往往注意那些符合自己预期的特点，而忽略与此不相符的事实。长期结果就是，我们始终持有民族和种族偏见，坚持着有害的种族主义和种族歧视。

正念会让我们意识到自己的偏见，从而提供一个真正了解别人的机会。培养对他人真正的欣赏和理解，可以促进相互尊重，甚至发展友谊。以下是促进这一过程的两种方法：

- 当你发现有不同种族或民族的人靠近时，想象你与此人拥有着共同的东西，比如你们都渴望快乐、赢大奖。或者，你也可以欣赏当下共同的经历（比如，都因为没有带伞而淋雨）。想象一下这个人会因何而笑。在你的心中给予他祝福、友善、和平和欢呼。

- 观察那些不同种族或民族的人。回想一下你对这个人是谁的假设，或者回忆一下人们对这个人的种族或民族的刻板印象。观察这个人的行为是否符合这些刻板印象。看看自己在过去是否也有过同样的行为，以及你的行为在多大程度上反映了你的种族、性格、环境或这些因素的组合？这个过程会帮助我们打破对他人的刻板印象。

纽约的布鲁克林、东京或洛杉矶都排长队……

作为一名城市居民，我们要花大量时间排队——等待走进电影院，等待着在农贸市场买菜，等待在餐馆坐下，甚至是等待停下来休息。最长、最令人痛苦的等待，是在酒吧、餐厅、剧院或体育场排队使用洗手间或移动卫生间的时候。

通常在等待时，我们是完全脱离当下的。我们不想等待，于是转移注意力。有时，我们通过看书、听音乐、收发邮件或玩手机游戏来完全逃离等待的体验。另外一些时候，我们反复检查队伍的前进状态，或是抱怨排在前面的人（为什么上个洗手间要花这么长时间？），好打发排队的不愉快。我们希望能够快点结束这种体验，好去做更重要的事情。

所有分散注意力或抱怨的行为，归结起来都在表达对当下的不满。现在就是现在，不管我们是否喜欢。卡巴金曾说过，虽然我们只活在当下，但实际的态度却是：我们只希望活在我们喜欢的时刻。所以，如果你保持对不喜欢的当下的觉知，或是经历那些通常会逃避的事，比如在长队中等待，会发生什么？你认为可能发现什么？下一次排队的时候，你可以试一试下面的建议：

- 觉察自己的身体。你的姿势如何？有没有任何地方感到紧张？你的面部表情如何？你在笑，还是拉着脸？
- 检查头脑中闪过的念头。有没有令人抓狂的想法，如“她最好往前一点！”或是“别犹豫了，下定决心点点儿东西吧！”
- 抵制让自己分散注意力的诱惑。也许你知道自己的大脑并不喜欢平静，它想让你做些什么，或者至少想些什么。
- 看看你身边的人。觉察自己的想法和评价的起落。也许你开始批评、赞美、羡慕身边的人，也许你眼红排在你前面的人。你是否可以在内心找到为此人感到快乐的理由，还是只是一味地感到不满？
- 在你的直接体验中找出一些值得好奇或令人满足的东西。也许你发现墙上挂着一幅有趣的画，或是意识到头痛消失了。带着觉知把注意力放在这个体验上，注意你通过感官所感知到的东西或是觉察到的某种特殊的情感。

说真的，你缘何在此?

城市为我们提供了无穷无尽的体验。我们可以选择不同的美食、文化、体育赛事、博物馆，还有更多。我们也有很多机会遇见不同的人，拜访家人或朋友，为不同的社区服务。除了这些选择，我们也很容易陷入相同的老旧模式。我们会去同样的地方，做同样的事情，或总是待在家里。这些时候，觉察你为什么居住在这里也许会有帮助。想必你可以住在别的地方，但一定有某些事物把你和这个地方联系在一起，比如工作、家庭、朋友或城市的环境。

问问自己："为什么我选择住在这里？"也许你的思维会抗拒这个问题。"我根本没有选择住在这里，"你可能会这么想，"我必须在这里工作（为了还贷款、伴侣的事业、孩子的教育或其他）。"

把自己当作环境的受害者，当然不会让你感觉更好。当你深思的时候，它甚至都不是事实。显然，你有一些优先选项，并希望你的生活能实现大部分内容。如果你住在这里是因为有家人在附近，那么这个价值观也许优先于你坐船环游世界的愿望。如果你因为工作而选择留在城里，可能对你来说，职业生涯或收入更重要。

你生活在城市的原因也许有很多，也可能只有一个。如果你甚至不知道该如何回答这个问题，考虑以下的可能性：

- 和家人亲近（或距离上更近）
- 工作或职业
- 教育
- 孩子的教育
- 文化场所（如博物馆、独奏会、歌剧、电影、体育赛事）
- 生活方式和种族多样性
- 朋友
- 食品和菜肴的多样性
- 刺激感
- 娱乐的机会（如跳舞、泡吧，等等）
- 体育运动（如轮滑曲棍球联盟和跑步团体）

这里还有一些建议，可以帮助你进一步探索你为何居住在城市：

1. 花大约 30 分钟，思考你为何选择在这里生活。思考你居住在这里的利弊，或想想是什么让你留下来。

2. 一旦你明确了留下的原因，看看你是否在有目的地关照它们。也许你自动化反应的时间过长，已经让你远离了自己的核心价值观。如果是这样，你可以开始做更多反映你核心价值观的事情。也有可能，你一直让事情进展得良好，一直在积极追求你喜欢的事物，欣赏着城市生活的点点滴滴。

3. 未来一周，根据你留在这个城市的原因，承诺自己做一些事情。如果你喜欢各种美味的民族食品，去找一家新餐厅。如果你享受文化盛宴，去参观博物馆或是看场戏剧。

4. 感谢你所居住的地方，感谢你有机会实现自己的目标和爱好。也许你没有可以具体感谢的人，但是可以通过某种良善的精神，或对其他居民表达善意，来感谢这个城市本身。就连浇灌一棵树，也是一种向城市表达感激的方式。

一旦你完成这些练习，并重新认识到自己为什么会在这个城市，那么挑战就变成了，随着时间推移保持住这种目标感。不满和不知所措常常是一种信号，提醒我们自己的生活和选择的价值观不一致。当你游离于所珍视的事情之外时，请记起这个信号，然后调整自己，把生活和你的价值观联系在一起。你可以把它称为“重新觉察”：反复评估此刻的行为在多大程度上反映了你的目标和目的。另一种选择是无意识地生活——这并不容易，你可能会因此远离那些对你真正有价值的重要事物。

理想情况是，你珍惜每一个连续的时刻，并让自己时刻活在当下的生活体验中。这虽然是老生常谈，却是真理：生命只有一次。你要如何使用它，完全取决于你。

参考文献

Allman, L. 1999. The possibilities toolkit: Your guide to better mental health (unpublished group therapy workbook). Augustus F. Hawkins Comprehensive Community Mental Health Center, Los Angeles, CA.

Alicke, M. D., and E. Zell. 2008. Social comparison and envy. In *Envy: Theory and research*, ed. R. H. Smith, 73–93, New York: Oxford University Press.

Baron, N. S. 2008. *Always On: Language in an Online and Mobile World*. New York: Oxford University Press.

Beck, A. T., G. Emery, and R. L. Greenberg. 1985. *Anxiety Disorders and Phobias: A Cognitive Perspective*. New York: Basic Books.

Benson, H., and M. Z. Klipper. 1976. *The Relaxation Response*. New York: HarperTorch.

Berman, M. G., J. Jonides, and S. Kaplan. 2008. The cognitive benefits of interacting with nature. *Psychological Science* 19 (12):1207–12.

Berto, R. 2005. Exposure to restorative environments helps restore attentional capacity. *Journal of Environmental Psychology* 25 (3):249–59.

Boyce, W. T., P. O'Neill-Wagner, C. S. Price, M. Haines, and S. J. Suomi. 1998. Crowding, stress, and violent injuries among behaviorally inhibited rhesus macaques. *Health Psychology* 17 (3):285–89.

Calhoun, J. B. 1962. Population density and social pathology. *Scientific American* 206 (2):139–48.

Campbell-Sills, L., D. H. Barlow, T. A. Brown, and S. G. Hofmann. 2006. Acceptability and suppression of negative emotion in anxiety and mood disorders. *Emotion* 6 (4):587–95.

Chong, H., J. L. Riis, S. M. McGinnis, D. M. Williams, P. J. Holcomb, and K. R. Daffner. 2008. To ignore or explore: Top-down modu- lation of novelty processing. *Journal of Cognitive Neuroscience* 20 (1):120–34.

Crouse, K. 2009. Avoiding the deep end when it comes to jitters. *New York Times*, July 26, sports section.

de Lucia, L. Metropolitan diary. 2008. *New York Times*, November 16, region section. www.

nytimes.com/2008/11/17/nyregion/17diary.ht ml?partner=permalink&exprod=permalink (accessed December 4, 2009).

Driskell, J. E., C. Copper, and A. Moran. 1994. Does mental prac- tice improve performance? *Journal of Applied Psychology* 79 (4):481–92.

Dronjak, S., L. Gavrilović, D. Filipović, and M. B. Radojčić. 2004. Immobilization and cold stress affect sympatho-adrenomedul- lary system and pituitary-adrenocortical axis of rats exposed to long-term isolation and crowding. *Physiology and Behavior* 81 (3):409–15.

Eriksson, P. S., E. Perfilieva, T. Björk-Eriksson, A. M. Alborn, C. Nordborg, D. A. Peterson, and F. H. Gage. 1998. Neurogenesis in the adult human hippocampus. *Nature Medicine* 4 (11):1313–17.

Giaquinto, S., and F. Valentini. 2009. Is there a scientific basis for pet therapy? *Disability and Rehabilitation* 31 (7):595–98.

Griskevicius, V., J. M. Tybur, S. W. Gangestad, E. F. Perea, J. R. Shapiro, and D. T. Kenrick. 2009. Aggress to impress: Hostility as an evolved context-dependent strategy. *Journal of Personality and Social Psychology* 96 (5):980–94.

Hartig, T., G. W. Evans, L. D. Jamner, D. S. Davis, and T. Gärling. 2003. Tracking restoration in natural and urban field settings. *Journal of Environmental Psychology* 23 (2):109–23.

Hill, S. E., and D. M. Buss. 2008. The evolutionary psychology of envy. In *Envy: Theory and research*, ed. R. H. Smith, 60–70. New York: Oxford University Press.

Holmes, E. A., and A. Matthews. 2005. Mental imagery and emotion: A special relationship? *Emotion* 5 (4):489–97.

Kabat-Zinn, J. 1990. *Full Catastrophe Living: Using the Wisdom of Your Body and Mind to Face Stress, Pain, and Illness*. New York: Delta.

———. 1994. *Wherever You Go, There You Are: Mindfulness Meditation in Everyday Life.* New York: Hyperion.

Kabat-Zinn, J., and M. Kabat-Zinn. 2009. Mindful parenting: Cultivating self-awareness, compassion, and understanding. Presentation at Meditation and Psychotherapy: Cultivating Compassion and Wisdom conference, Department of Psychiatry, Cambridge Health Alliance Physicians Organization, at Harvard Medical School Department of Continuing Education, May 2, in Boston, MA.

Kaplan, R., and S. Kaplan. 1989. *The Experience of Nature: A Psychological Perspective.* New York: Cambridge University Press.

Kaplan, S. 1995. The restorative benefits of nature: Toward an integrative framework. *Journal of Environmental Psychology* 15 (3):169–82.

Kaplan, S., L. V. Bardwell, and D. B. Slakter. 1993. The museum as a restorative environment. *Environment and Behavior* 25 (6):725–42.

Kimmelman, M. 2009. At Louvre, many stop to snap, but few stay to focus. *New York Times,* August 2, art and design section.

Kleiber, C., and D. C. Harper. 1999. Effects of distraction on children's pain and distress during medical procedures: A meta-analysis. Nursing Research 48 (1):44–49.

Kristeller, J. L., and C. B. Hallett. 1999. An exploratory study of a meditation-based intervention for binge eating disorder. *Journal of Health Psychology* 4 (3):357–63.

Leahy, R. L. 2005. *The Worry Cure: Seven Steps to Stop Worry from Stopping You.* New York: Harmony.

———. 2009. *Anxiety Free: Unravel Your Fears Before They Unravel You.* New York: Hay House.

Lohr, V. I., C. H. Pearson-Mims, and G. K. Goodwin. 1996. Interior plants may improve worker productivity and reduce stress in a windowless environment. *Journal of Environmental Horticulture* 14 (2):97–100.

Marlatt, G. A., and J. R. Gordon, ed. 1985. *Relapse Prevention: Maintenance Strategies in the Treatment of Addictive Behaviors.* New York: The Guilford Press.

Mittone, L., and L. Savadori. 2009. The scarcity bias. *Applied Psychology* 58 (3):453–68.

Moore, J. 1999. Population density, social pathology, and behavioral ecology. *Primates* 40 (1):1–22.

National Coffee Association. 2009. National coffee drinking trends 2009. www.ncausa.org/i4a/pages/index.cfm?pageID=647 (accessed October 6, 2009).

Orsillo, S. M., and L. Roemer, ed. 2005. *Acceptance- and Mindfulness- Based Approaches to Anxiety: Conceptualization and Treatment.* New York: Springer.

Park, S-H., and R. H. Mattson. 2008. Effects of flowering and foliage plants in hospital rooms on patients recovering from abdominal surgery. *HortTechnology* 18 (4):563–68.

Post, E. 1922. *Etiquette in Society, in Business, in Politics and at Home.* New York: Funk and Wagnalls.

Ramsden, E. 2009. The urban animal: Population density and social pathology in rodents and humans. *Bulletin of the World Health Organization* 87 (2):82.

Segal, Z. V., J. M. G. Williams, and J. D. Teasdale. 2002. *Mindfulness- Based Cognitive Therapy for Depression: A New Approach to Preventing Relapse.* New York: The Guilford Press.

Serrell, B. 1997. Paying attention: The duration and allocation of visi- tors' time in museum exhibitions. Curator 40 (2):108–25.

Skinner, B. F. 1953. *Science and Human Behavior.* New York: The Macmillan Company.

Slater, A. 2007. Escaping to the gallery: Understanding the motiva- tions of visitors to galleries. *International Journal of Nonprofit and Voluntary Sector Marketing* 12 (2):149–62.

Thich Nhat Hanh. 1991. *Peace Is Every Step: The Path of Mindfulness in Everyday Life.* New York: Bantam Books.

Ulrich, R. S. 1984. View through a window may influence recovery from surgery. *Science* 224 (4647):420–21.

Underhill, P. 1999. *Why We Buy: The Science of Shopping*. New York: Touchstone.

U.S. Environmental Protection Agency, Office of Noise Abatement and Control. 1981. *Noise Effects Handbook: A Desk Reference to Health and Welfare Effects of Noise.* Revised ed. Fort Walton Beach, FL: National Association of Noise Control Officials. www .nonoise.org/library/handbook/handbook.htm (accessed December 11, 2009).

Vormbrock, J. K., and J. M. Grossberg. 1988. Cardiovascular effects of human–pet dog interactions. *Journal of Behavioral Medicine* 11 (5):509–17.

Weingarten, G. 2007. Pearls before breakfast. *Washington Post*, April 8.

Wickelgren, W. A. 1977. Speed-accuracy tradeoff and information processing dynamics. *Acta Psychologica* 41 (1):67–85.

Wu, P-L., and W-B. Chiou. 2009. More options lead to more searching and worse choices in finding partners for romantic relationships on-line: An experimental study. *CyberPsychology and Behavior* 12 (3):315–18.

Yerkes, R. M., and J. D. Dodson. 1908. The relation of strength of stimulus to rapidity of habit formation. *Journal of Comparative Neurology and Psychology* 18 (5):459–82.